看看吧,你知道的那些都是错误的

告诉你生活中的错误常识

纪小云/著

U0388285

黑龙江科学技术出版社

图书在版编目（CIP）数据

看看吧，你知道的那些都是错误的：告诉你生活中
的错误常识/纪小云著. -- 哈尔滨：黑龙江科学技术
出版社，2015.11
ISBN 978-7-5388-8560-6

Ⅰ.①看… Ⅱ.①纪… Ⅲ.①生活—知识 Ⅳ.
①TS976.3

中国版本图书馆CIP数据核字（2015）第262611号

看看吧，你知道的那些都是错误的：告诉你生活中的错误常识
KANKANBA, NIZHIDAODE NAXIE DOUSHI CUOWU DE : GAOSUNI SHENGHUOZHONG DE CUOWU CHANGSHI

作　者	纪小云	
责任编辑	赵春雁	
封面设计	白立冰	
出　版	黑龙江科学技术出版社	
	地址：哈尔滨市南岗区建设街41号　邮编：150001	
	电话：（0451）53642106　传真：（0451）53642143	
	网址：www.lkcbs.cn　www.lkpub.cn	
发　行	全国新华书店	
印　刷	三河市骏杰印刷有限公司	
开　本	710 mm×1000 mm　1/16	
印　张	17	
字　数	240千字	
版　次	2016年3月第1版　2016年3月第1次印刷	
书　号	ISBN 978-7-5388-8560-6/G·1078	
定　价	35.00元	

前言 PREFACE

如今，接受高等教育的小伙伴越来越多。走在大街上，随手一抓，十个人至少有五个本科生，两个硕士，一个博士。剩下的两个，不是博士后，就是教授！俗话说"知识就是力量"！这么多本科生、硕士、博士、博士后，知识多的都要从毛孔里溢出来了！

有意思的是，知识爆棚的人不少，有生活"力量"的人却不多。君不见多少顶着博士头衔的人，一张口就各种高大上的专业术语，分分钟能把卫星送到太空，但煮个泡面试试，没准能给煮糊了。

这是何故？很简单，咱们的学校只教会咱们如何去工作，却没有教会咱们如何生活。其实，和工作相比，生活更值得学习！谁说不是呢？工作是为了生活，而生活不仅仅是为了工作。

生活也是一门科学，而且是一门光怪陆离、七七八八的科学。这里面什么都有，什么都能成为知识。正因为如此，哪怕在生活中摸爬滚打了一辈子的人，到头来可能连小学文凭都混不上。

好在咱们不但可以从生活中学到用于生活的知识，也可以从书籍、网络和小伙伴那里"取经"。人多力量大，"三人同行必有我师"，师傅多了，在生活学校里混个文凭也不是什么难事。别小看这些七七八八的生活小知识，运用得当，它们可以让咱们的生活变得更健康、更美好、更温馨……

不过，有时候生活也会欺骗咱们，给咱们"奉献"一些看似非常科学，但却谬之千里的知识。有些还被人们奉为真理，流传甚广呢！比如，喝骨头汤补钙就是一条流传甚广的"生活真理"。但实际上，喝骨头汤和补钙根本就是风马牛不相及的事，就像到北极去找企鹅，到南极去找北极熊一样。

吃菠菜补铁也是一条流传甚广的"生活真理"。可是，小伙伴们菠菜倒是吃了不少，但补来补去也没补成"大力水手"。这一点也不奇怪，因为吃菠菜根本就不能补铁。

又比如……好了，这样的比如实在太多。我们把小伙伴们早已习以为常或从来就不知道的日常知识搜罗到一起，编写了这本《看看吧，你用的那些都是错误的——生活错误常识，告诉你生活中的错误》。

限于能力和篇幅，本书不可能包罗万象，也不可能让你一下子变成生活达人。不过，这里面一定有令你大吃一惊的小发现。好了，小伙伴们，还等什么呢？马上行动起来，开始咱们的生活扫盲之旅吧！

目录 CONTENTS

第二章 是外貌协会，还是送福利?

第三章 咱住的不是房，是温馨!

第四章　健康，元芳你怎么看？

第五章　不开运动会也别闲着！

第六章　日常生活用品总动员！

第七章 宠它一点，再宠它一点！

第一章
吃的是寂寞，还是安心？

竹炭食品能够吸附血液中的毒素？

竹炭是竹材高温炭化的产物，具有很强的吸附性，通常被用来去除新房里的甲醛或房间里的异味等。不想，这两年所谓的竹炭保健食品也卖得风生水起，大受消费者追捧。什么竹炭花生、竹炭面包、竹炭蛋糕、食用竹炭粉等等，琳琅满目，让人大跌眼镜。

这玩意也能吃？相信大多小伙伴看到竹炭保健食品这个概念的时候，都会产生这样的疑问。疑问归疑问，但人家竹炭食品的销售情况却好得出奇。不管是实体店，还是网店，销售场面，那叫一个火爆啊！不相信，可以上网搜一下。

商家宣称，竹炭食品能够吸附体内的有害物质，清除肠道垃圾，排毒养颜，甚至还可以吸收镉、铅等重金属，净化血液毒素。这简直就是仙丹啊！这玩意要是卖到天庭，估计连专职炼制长生不老丹的太上老君都得失业！齐天大圣孙悟空也不用去盗仙丹了，花点小钱，买上几斤，就能长生不老了。

竹炭保健食品真有这些功能吗？还是来看看专业人士是怎么说的吧！专家表

示，竹炭保健食品只是商家炒作的一个概念，其功效和食用安全性还有待考量。首先，竹炭不是食品添加剂，国家的《食品添加剂使用卫生标准》也未将竹炭列入其中。而且，卫生部门目前并没有认证专门用于食用的竹炭。

其次，竹炭的食用安全性存在很大的疑问。因为没有相关的标准，也没有进行过相关的实验，食用竹炭食品会不会对人体构成危害，目前尚不清楚。

最后，就算竹炭食品不会对人体构成危害，但其所宣称的净化功能也值得怀疑。正如一位食品专家所说的："能不能吃，吃了能不能消化，消化了能不能吸收，吸收了有没有保健功效，都还是未知数。"

所以，专家建议小伙伴们，对于竹炭食品，能不吃就不吃。如果想要尝尝鲜，比如竹炭花生，先把竹炭包裹的外壳去掉，然后再吃。

海鲜、水果同食，会诱发砷中毒？

坊间流传，大虾等海鲜和水果同食会诱发砷中毒。这是食物相克理论中最广为人知的说法之一，每个小伙伴都耳熟能详。说起食物相克，有些小伙伴顿时犹如神医附体，口若悬河，犹如黄河之水天上来，奔流到海，连绵不绝。

据说，大虾、蟹等海鲜中含有五价砷化合物，水果中含有较丰富的维生素C。五价砷毒性较低，一般不会对人体构成危害。而五价砷和维生素C会产生化学反应，生成三价砷，也就是剧毒的砒霜。这两种食物同食，可能会导致人体中毒，免疫力下降，甚至当场死亡。

海鲜与水果相克真有这么玄乎吗？早在1935年，生物化学家郑集就曾搜集了184对"相克"的食物，并从中挑出14对在生活中最容易相遇的组合，其中就包括海鲜和水果，进行实验。他用这些食物同喂老鼠、狗和猴子。郑集和他的同事也尝试了其中的7种组合。看到没，生死兄弟啊，这才是真正的小伙伴！如果你的小伙伴邀请你做这样的实验，你敢答应吗？

在食用24小时内，郑集老先生和他的老伙伴们细心观察了实验动物和人的表情、行为、体温及粪便颜色与次数等，结果一切正常，根本没有中毒的迹象。

近年，中国营养学会与兰州大学公共卫生学院、哈尔滨医科大学等院校也就海鲜与水果相克等说法做过一些实验，而且程序更为严格，数据也更科学。实验结果和郑集的实验相同，均未发现异常。

咦？这不科学啊！怎么着也得有几只小白鼠或猴子拉拉肚子什么的。不然，还真对不起这些流传了几十、几百，甚至上千年的食物相克理论。但事实摆在眼前，不由你不信！

五价砷是低毒，三价砷是剧毒，这没错。但维生素C的促还原功能是极低的，海鲜中砷的含量也很低，很难有化学反应。而且，食物在胃里停留的时间很短，根本不会突然发生转化。除非你一顿吃掉一辈子所吃的虾和水果，并能保证它们在胃中停留足够长的时间。如果这样的话，不单海鲜和水果同食会挂掉，只吃其中一种，或只喝水都会被撑死！

菠菜与豆腐同食影响钙吸收？

这年头"吃货"越来越多。别以为喜欢吃、吃得多就能获得这个"光荣"的称号了。可没有这么容易。做个合格的吃货，起码要会吃，还得懂点饮食文化，此即"吃货不可怕，就怕吃货有文化"是也！

吃货们有了文化，没事就开始琢磨食物相克理论。琢磨来琢磨去，结果发现连土豆烧牛肉都不能吃了。太可怕了，土豆和牛肉居然都相克！

　　简直就是鬼扯！不过，不能因为这些鬼扯就彻底否定食物相克理论。咱们博大精深的中医讲究阴阳五行、相生相克理论，食物相克并不一定是指两种食物同吃会对健康人造成伤害，但两者的作用或营养价值可能会相互抵消。

　　不同食物中的各种营养素或化学成分在人体消化、吸收和代谢过程中确实存在相互影响，导致某些营养物质不能被人体充分吸收与利用。比如，菠菜中富含草酸，可与豆腐中的钙发生化学反应，影响人体对钙的吸收。这已经是人们公认的事实。然而，这并不能说菠菜和豆腐同食就会造成缺钙。因为人总不会一餐、一日、一生只吃这两种食物吧？

　　另外，不同体质的人对食物的反应也不一样，阴虚体质的人多吃梨和西瓜等寒凉的食物就容易拉肚子。有的人单吃螃蟹或柿子都会拉肚子，但有的人同食也不会任何问题。这是咱们自己体质的问题，不能不负责任地推给食物相克。

　　对正常的健康人而言，还是该吃吃，该喝喝，不用瞻前顾后。饮食杂一点、全一点，保证膳食均衡即可。只有那些体质不好或是缺乏某种营养元素的小伙伴应该有针对性地避免一些不合理的食物搭配，否则不利于健康的恢复。例如贫血的人就不要吃影响铁吸收的食物，如喝茶等。

只吃有机食品，也会损害健康？

　　苏丹红、敌敌畏、三聚氰胺、地沟油、镉大米，食品安全问题一拨接一拨，简直就是长江后浪推前浪，前浪被拍死在沙滩上！吃什么才安全？这是要逼咱们把嘴缝上的节奏吗？很显然，这不可能。人是铁，饭是钢，一顿不吃饿得慌。

看来只好只吃有机食品了。然而，这又非一般工薪阶层的消费能力所能承受。君不见超市里的有机食品比普通食品贵多少，起码十几、几十倍。一个小小的鸡蛋都要三四块钱，简直就是打劫！

穷人伤不起啊！不过，看了下面这条消息，口袋空空如也的小伙伴们可以心理平衡了。俄罗斯莫斯科营养研究所的专家们在2003年公布说：只吃绿色食品有益健康（国外所说的绿色食品和咱们说的有机食品是一回事，咱们的绿色食品是另外一个概念）是一种错误见解，如果只吃绿色食品，人体健康将受到伤害。

太爆炸了！怎么会这样呢？莫斯科营养研究所的专家们说，他们对若干名经常食用绿色食品的志愿者进行了两年的跟踪观察。结果发现，轻者染上了暴饮暴食的毛病，重者开始寻求精神刺激，抽烟、酗酒，甚至吸毒。这和有机食品有什么内在联系？

专家么解释说，这是人体摄入硝酸盐不足的结果。人类通过若干代的繁衍已习惯了日常食品中所含有的硝酸盐量，人体甚至在基因水平上发生了适应性变化。硝酸盐已如维生素等物质一样，成为人体的必需物质。含少量硝酸盐或干脆不含硝酸盐的有机食品无法保证人体的正常需要，只食用绿色食品会破坏人体体内的营养平衡。犹如人体适应了地沟油，再吃经过正常程序生产出来的食用油，身体反倒不适应了。

是真？是假？且不管它。在科学的道路上难免会出现一家之言。比起有机食品，那些过量施用化肥、农药的食品对人体危害更大，这是显而易见的事实。因为这些食品中硝酸盐含量过高，会对人体构成更大的危害。硝酸盐在人体内可被微生物还原成亚硝酸盐，后者是致癌物质，如果在体内积累过多，可直接致人缺氧中毒，严重的可导致窒息死亡。

纠结了吧！大可不必。这只是两个极端的例子。我们在生活中不会只挑有机食品食用，也不会专挑污染严重的食品来吃。这才是正常的生活！

土鸡蛋的营养价值比洋鸡蛋高一些？

环境污染和食品安全问题害苦了大众，但也富了一帮"土"人。这两年，"土"字越来越走俏，什么土鸡蛋、土猪肉，只要贴个"土"字标，价格就能翻几番。不少人还认为，带"土"的东西更安全，而且更有营养。

精明的商家也抓住人们的消费心理，打出了"营养价值更高，尤其适合老弱和孕妇食用"的旗号。即使你付出了比普通鸡蛋（也就是咱们常说的洋鸡蛋）高几倍的价钱，往往还是一蛋难求。嘿，什么年头，拿钱求蛋居然求不来！

土鸡蛋真的比"洋鸡蛋"更有营养吗？其实，土鸡蛋和洋鸡蛋虽不是"同鸡生"，但在口感和营养上并没有什么差别。如果不事先告诉你，要从口感上分辨出两者的区别几乎不可能，除非你是美食家，而不是一个普通的吃货。因为土鸡蛋中的脂肪含量高一些，吃起来有一种油油的口感，比洋鸡蛋稍稍香一些。

从外形上来看，两者确实有一定的区别，即土鸡蛋的蛋黄更黄一些，但这并不能说明其营养价值更高。科学的检测数据表明，洋鸡蛋和土鸡蛋的营养价值相差不大，在不同的营养素含量方面也是各有千秋。

至于蛋黄的颜色，主要取决于饲料原料，和养殖方式无关。如果给鸡多喂一些蔬菜、青草或类胡萝卜素含量丰富的饲料，蛋中的类胡萝卜素和维生素B2的含量会相对多一些，蛋黄的颜色也就深一些。

事实上，土鸡蛋的安全性还比洋鸡蛋差一些。由于土鸡多采用散养的方式，自由在农田等地活动，接触到农药、化肥等化学物质的机会更多，所产的蛋遭受化学污染的可能性也更大。当然，这并不是说洋鸡蛋不会出问题。谁也无法保证一些利欲熏心的养殖户和企业不动歪脑筋。不过，从监管的角度来看，监管养鸡场要比监管在田间地头晃悠的散养鸡容易得多！

毛鸡蛋是何物，营养比鸡蛋丰富？

毛鸡蛋是何物？估计一直生活在南方的小伙伴一看到这个词就会往歪处想。这也难怪，谁让这个词是由3个惊天地、泣鬼神的汉字组成的呢？到了北方，尤其是北京，一看，无不大吃一惊："呦！毛鸡蛋是这个玩意啊，绝对不敢吃！"

毛鸡蛋也称毛蛋，共有两种，即死胎毛蛋和活胎毛蛋。死胎毛蛋是受精蛋在孵化的14~21天内，由于温度、湿度不适或细菌、寄生虫感染造成的死胎蛋。活胎毛蛋是在鸡孵化时有意中止孵化，形成活胎毛蛋。

北京街头的小吃摊或烧烤店，大多都有毛鸡蛋销售。一位卖毛鸡蛋的小贩说，吃过毛鸡蛋的人都说好吃，相当一部分人还认为毛鸡蛋营养丰富、能养身、健胃，实乃大补之物！

真相到底如何呢？其实，毛蛋中的蛋白质、脂肪、糖类、微量元素、无机盐、维生素等营养成分已发生了变化，特别是孵化时间长的毛蛋，绝大部分营养已被胚胎发育消耗掉了。即便有一些残留，也不可能和鲜蛋相提并论。也就是说，吃毛鸡蛋还没有直接吃鸡蛋有营养。

更加令人震惊的是，吃毛鸡蛋还会对健康造成潜在威胁。市场上销售的活胎毛蛋相对较少。出于降低成本的考虑，小商小贩大多都会有意识地去购买死胎毛蛋。而死胎毛蛋多是由于孵化过程中气温、湿度或沙门氏菌感染、寄生虫污染等原因而形成的。

这些本身就携带大量细菌的毛蛋一旦蛋壳破裂，在温度适宜的情况下，就会成为细菌的聚合体。据检测，几乎100%的毛鸡蛋都可测出大肠杆菌，有的还测出了葡萄球菌、伤寒杆菌、变形杆菌等。

把这么多细菌往肚子里塞，很容易引起消化道疾病，如腹痛、腹泻、恶心、呕吐等症状。另外，毛蛋中还含有生理活性物质，如雌激素、孕激素等，少儿常吃会造成内分泌失调，引起性早熟。是不是很恐怖？还是远离为妙，没有了市场，这种东西自然而然会慢慢从街头巷尾消失的。

生鸡蛋、溏心蛋，吃起来更营养？

鸡蛋是人们日常饮食中不可或缺的重要食材。谁家的厨房里要是不常备几个鸡蛋，都不好意思说那是厨房。鸡蛋有各种各样的烹饪方法，蒸、煮、煎、炒、卤……每一种烹饪方法都能弄出让舌尖"尖叫"的美味。

然而，世界上总有一些令人费解的事情。很多人喜欢吃生鸡蛋，尤其是新鲜的生鸡蛋。何谓新鲜的生鸡蛋，就是刚从母鸡屁股下面掏出来的鸡蛋。这边，母鸡还在"咯咯哒"地炫耀着"姐生了"；那边，鸡蛋已经被磕破，进了人类的肚子。

据说，这是一种大补的吃法。因为在烹饪的过程中，鸡蛋的部分营养成分会被破坏掉。而生着吃，就不存在破坏的问题了。对生活在城市的居民来说，新鲜的生鸡蛋比较难得。总不能在阳台上养两只鸡，蹲在那里等着它下蛋吧！于是乎，不少小伙伴就退而求其次，吃溏心蛋。溏心蛋就是没有充分煮熟，蛋黄尚呈胶状的鸡蛋。

看看吧，你知道的那些都是错误的

生鸡蛋和溏心蛋真的比熟鸡蛋更有营养吗？答案是肯定的。但是，这种吃法非但无益，反而有害。虽然没有经过烹饪，或烹饪时间较短，生鸡蛋和溏心蛋的营养成分保留得比较完整。但是，生鸡蛋的蛋清部分同时含有一种对人体有害的碱性蛋白质——抗生物素蛋白。这种物质能在肠道中与生物素结合，生成一种稳定的复合物，无法被人体吸收。熟鸡蛋中，抗生物素蛋白已经完全被破坏。据测定，吃生鸡蛋或溏心蛋，其消化率要比熟鸡蛋低30%~50%。

看到没，生鸡蛋、溏心蛋的营养虽然没遭破坏或破坏较少，但吃下去后，身体没有吸收，一样白搭。再说，生鸡蛋或溏心蛋中可能存有致病菌，引起食物中毒、寄生虫病等。

此外，生鸡蛋的腥味也不是每个人都能受得了的。这种味道会抑制中枢神经，使人食欲减退，甚至发生呕吐。吃进去了，再吐出来，岂不是更没营养！说来说去，鸡蛋还得吃熟的！

排骨汤、大骨汤，多喝几口能补钙？

人体含有多种微量元素，钙是其中最重要的一种。之所以叫微量元素，是因为它们在人体中占比很少，但又不可或缺。这就像烧菜用的盐，虽然一盘菜只需要一小勺，但少了它，菜的味道尽失，也就算不上美味了。

一般来说，儿童和老人比较容易缺钙。儿童生长速度快，对钙的需求量较大。老人身体机能下降，吸收能力较差，从食物中摄取的钙质较少。所以，人们有时候会刻意为儿童和老人补钙。

有的小伙伴也许会说，补钙好办，整点钙粉或钙片呗！这不失为一个好办法。但很多孩子的家长和老人都不认同，钙粉、钙片，那不是药吗？是药三分毒，药补不如食补，还是来点骨头汤吧！

在大家的印象里，排骨汤、大骨汤实乃补钙之神器！事实真是如此吗？其实，骨头汤补钙是一种误区。专家测定，500克新鲜棒骨加1500克水，熬煮两个小时，从骨头游离出来钙的非常有限，仅为每千克4毫克。就算加入醋（醋能促进钙溶出），每千克的含量也仅有35毫克。再说了，骨头汤里加醋，口味奇差，一般人不会这么做。

而成年人一天所需要的钙约800毫克。也就是说，一天要喝下去200千克骨头汤才能满足身体对钙质的需求。200千克？都够一家人洗澡了！

专家指出，具有补钙功能的食材有很多，比如奶制品、豆制品和坚果类食品。以牛奶为例，普通牛奶中的含钙量约为每千克1000毫克。也就是说，骨头汤里的含钙量仅为牛奶的0.4%~3.5%。

这么说来，骨头汤没啥作用咯！当然不是！骨头汤的含钙量虽然很低，但其他营养成分却比较丰富，特别适合孩子和孕妇食用。但患有高血压、心血管疾病的人群则应少喝，因为骨头汤中含有大量脂肪，会加重病情。

蔬菜吃得越多，身体就越健康？

现如今，坚持素食主义的人越来越多。这些人并不全是善男信女，有些纯粹是为了个人健康或环保。小伙伴们都知道，少吃油腻的肉食，多吃新鲜的蔬菜和水果有利健康。但多少是多，多少是少呢？

对不同的人来说，这个度也不一样。有的人看见蔬菜满脑子就想着健康，于

看看吧，你知道的那些都是错误的

是出现了一群"蔬菜族"。蔬菜族以女性居多，每天的蔬菜摄入量远远超出营养学家的推荐摄入量，几乎不吃肉食或根本不吃。

难道这样就健康了？其实，蔬菜吃得太多与不吃蔬菜一样，都会对人体产生危害。不可否认，蔬菜里含有丰富的维生素、矿物质和食物纤维。适当地摄入蔬菜，不但可以促进肠道蠕动，促进排便，提供机体所需的各种微量元素，还可发挥抗氧化作用和保证人体各器官的正常功能，使人看起来更年轻。

如果蔬菜吃得太多，则会适得其反。我们知道，菠菜、油菜（上海青、苏州青）、芹菜、西红柿等蔬菜的草酸含量很高，易与食物中的钙结合，形成草酸钙结石。如果长期大量摄入这些蔬菜，患结石病的风险就会大大升高。这也是素食主义者更易患结石病的原因之一。

另外一些蔬菜，如春笋等，由于粗纤维含量太高，很难消化。大量进食后，会在无形中加重胃的负担。如果本身是肝硬化患者，吃了这些东西还容易造成胃出血或食管静脉曲张出血等，加重病情。

如果长期减少或禁食肉类，只吃蔬菜，还会影响机体摄取和吸收必需的脂肪酸、优质蛋白，以及钙、铁和锌等微量元素的吸收。机体缺乏这些营养元素，对人体，特别是孕妇和处于生长发育阶段的儿童、青少年影响至深，严重者甚至会造成智力发育迟缓和缺铁性贫血等疾病。

蔬菜越新鲜，口感和营养就越好？

现在人吃东西越来越讲究，什么东西都图个新鲜。吃肉要吃新鲜肉，恨不能从猪身上割一块，直接塞到嘴里；吃菜要吃新鲜菜，最好刚从地里采摘出来，在衣襟上蹭两下就吃下去。

这种状态怎么看，怎么像原始社会。一群男人外出打猎，猎到一头野猪，放倒后，割块肉往嘴里一扔，嚼两口就咽下去了；一帮女性外出采集植物，一边采一边往嘴里丢，嗯，好吃！

是不是越新鲜的蔬菜，其口感和营养就越好呢？答案并不是这样。科学家们的研究表明，新鲜并不一定意味着更有营养，大多数蔬菜存放一周后其营养成分的含量与刚采时几乎相同，或相差无几。

西红柿、马铃薯和菜花等蔬菜，有效保存一周后，它们的营养成分变化不大，只是维生素C的含量略有降低；而甘蓝、甜瓜、青椒和菠菜存放一周后，维生素C等营养物质和刚采摘几乎没有什么变化；卷心菜、白菜等叶类蔬菜，存放一段时间后，维生素C的含量甚至还有所升高。

至于口感，只要保存得当，两者并没有什么差距。人们所说的刚采摘的新鲜蔬菜更好吃，多半是因为心理作用。

更为重要的是，咱们的祖先永远无法想象今天的人们面对的食品安全形势有多么严峻。由于大量使用农药、化肥以及其他有机肥来防治病虫害，蔬菜农药残留问题一直困扰着我们。

有时，菜农为了卖个好价钱，甚至在采摘的前一两天还往蔬菜上喷洒农药。是故，刚刚采摘的蔬菜往往带有多种对人体有害的物质。而多存放几天，有助于农药挥发和分解，降低农药残留对健康的危害。

看看吧，你知道的那些都是错误的

素食主义生活更环保，身体更健康？

在素食主义者看来，素食已经完美到无可挑剔的，不但环保，而且更加有利于身体健康。仔细想一想，好像还真是这么回事。环保就不必说了，肉食生产确实会给环境造成较大的压力。而健康、长寿也符合人们的直观感觉，古代的得道高僧貌似长寿者居多。

不过，对待这种严肃的课题不能仅凭直觉，还得有科学依据。英、美等国科学家就此展开了几项大规模、长时间的跟踪调查。结果发现，与社会平均水平相比，素食者的平均预期寿命确实更高。估计，素食主义者们看到这个结论会非常欣慰。

但是，科学家们同时指出，素食主义者的预期寿命更长并不是素食的功劳，真正的"功臣"是他们健康的生活方式。调查发现，素质主义者更加追求生活质量，他们不抽烟、不喝酒，生活规律，饮食节制，经常参加体育锻炼，心态更加健康。

实际上，人的生理构造更适合杂食。只吃肉，或者只吃素食都是不可取的。只吃素食很容易造成某种营养成分的缺乏。比如，除了大豆之外，其他植物蛋白都无法单独满足人体对氨基酸的需要。而蛋、奶、肉中的蛋白质在氨基酸组成上与人体的需求更为接近，而且容易消化，所以被称为"优质蛋白"。

再比如，人体所需的维生素B12几乎只存在于动物性食物中。和叶酸类似，缺乏这种物质时很难检测出来。等到缺乏症出现，就已经晚了。对不排斥蛋、奶等食物的素食主义者来说，这也不是什么大问题。但对完全的素质主义者来说，问题就不太好解决了。

不过，肉食在现代人的食物中比重过高，这就是"过犹不及"了。结果，脂肪、胆固醇等成分就变成了"健康杀手"。所以，专家们建议提高素食在食谱中的比重，而不是完全摒弃肉食，做一个素食主义者。

水果吃起来越甜，含糖量越高吗？

大部分水果吃起来都很甜，让人越吃越想吃。即便是同一种水果，其甜度也不一样。这是怎么回事呢？很多小伙伴们认为，这是水果含糖量不同而造成的。换句话说，水果吃起来越甜，其含糖量也就越高。

真的是这样吗？对同一种水果，这种说法基本是正确的，但对不同种类的水果，就未必正确了。因为甜度不但与含糖量高低有关，还与糖的种类、酸度等因素有关。大部分水果的含糖量都在10%以上，低于这个比例的就可以称为低糖水果了。

柿子、龙眼、香蕉、杨梅、荔枝、山楂、枣、海棠、甘蔗等水果的含糖量均在14%以上，如香蕉19.5%、山楂22.1%、海棠22.4%、枣23.2%、甘蔗30%。猕猴桃、梨、樱桃、桃子、柠檬、哈密瓜、葡萄、菠萝、苹果等水果的含糖量都在10%左右。

香蕉的含糖量比葡萄、菠萝、苹果、桃子等水果的含糖量高得多，但吃起来的口感却没有这些水果甜。这是不是一个特例呢？

咱们再来看看，还有哪些含糖量低，但吃起来却很甜的水果。西瓜的含糖量只有4.2%，圣女果的含糖量只有2%，石榴更低，只有1.68%。有意思的是，这些水果吃起来都比含糖量高的香蕉、山楂、柠檬、橙子甜很多。

这是怎么回事呢？这是因为水果当中除了糖分之外，还含有有机酸。由于这两种物质的含量及种类不同，不同水果也会呈现出不同程度的酸味和甜味。有些水果的有机酸含量多一些，吃起来就偏酸，如山楂；有些水果的有糖分多一些，吃起来就偏甜。

当然，也有一些水果含糖量很高，有机酸也不多，但吃起来仍然很酸，如柠檬。这是因为柠檬酸的酸度很高，一到嘴里就达到最高酸感，让人吃不消。它的甜味也被强烈的酸味掩盖住了。

吃辣椒，越辣越想吃，越吃越热？

提起吃辣椒，小伙伴们一定会首先想到四川、湖南和江西等地的居民。中南一带流传着这样一句俗语："四川人不怕辣，江西人辣不怕，湖南人怕不辣。"由此可见，这三省之地的居民是多么喜欢吃辣椒。

在以上三省居民的眼里，辣椒是个好东西，不但营养丰富，越吃越想吃，还能取暖。辣椒越吃越想吃，这个好理解。对大多数人，尤其是无辣不欢的四川、湖南和江西居民而言，不想吃饭的时候，往嘴里塞一把辣椒，食欲就来了。

但辣椒能取暖从何说起呢？这只是一个形象的说法。小伙伴们都有这样的印象，辣椒越辣，吃得越多，出汗就越多，好像越吃越热。"三个小辣椒，顶件大棉袄"的谚语就是这么来的。

这么说来，辣椒还真的能够取暖！其实不然。辣椒中的主要辣味物质，即辣椒素对身体具有强烈的刺激作用。舌头及嘴里的神经末梢一旦接触辣椒素，神经递质就会将这种"烧灼"信息传给大脑，大脑便会让身体处于戒备状态，使心跳和脉搏加快，皮肤血管扩张，从而使人感到"发热"。

实际上，这个过程并没有产生热量，只是加快了身体的散热过程。由于散热过程加快，反倒会降低身体的温度。换句话说，吃辣椒越吃越热只是一种错觉。

当然，这种错觉产生的时候，整个人都爽到了极致。据心理学家分析，身体会将辣椒素产生的"烧灼"信息等同于"受伤"。身体产生的一系列应激变化只是一个自体止痛的过程。在此过程中，身体释放的自体止痛剂就像少量麻醉剂，能起一种轻微的欣快作用，即让人产生精神快感。专家将这种现象称为"辣椒微醉"。

与此同时，大脑会促使胃液和唾液分泌，使胃肠蠕动加快，刺激消化，促进食欲。

喝瓶装纯净水比自来水安全、健康？

2014年四五月间，短短的一个月时间里，甘肃兰州、湖北武汉、江苏镇江、浙江富阳等地相继出现自来水取水点污染事件，再次把本已焦虑不堪的小伙伴们推向了焦虑的高峰。每一次水污染事件发生后，无一例外地会引起市民到超市抢购饮用水。贪图方便，或者对自来水不甚放心的市民，尤其是年轻人，平时也会囤积大量瓶装纯净水。

瓶装纯净水就比自来水安全、健康吗？相信很多小伙伴还对2013年爆发的纯净水事件记忆犹新。咱们假定市场上销售的纯净水都符合国家标准，连容器都符

看看吧，你知道的那些都是错误的

合相关的卫生标准。这么一来，小伙伴们可能会说，当然是喝纯净水更安全、更健康！难道这还需要讨论吗？这不是常识吗？如果你真的这样认为，那就大错特错了！

纯净水是经过深度处理，彻底去除了污染物和杂质的自来水。然而，在去除这些物质的同时，自来水中各种人体必需的微量元素和矿物质也被去掉了。长期饮用这种缺乏微量元素和矿物质的水，会严重危害人体健康，出现四肢乏力等症状，甚至患上动脉粥样硬化等疾病。

舟山和大连两处的海军基地曾长期自制蒸馏水（比我们在超市里看到的纯净水纯度更高）供士兵饮用。结果，不到半年，所有的士兵都患上了微量元素缺乏症，头晕眼花、四肢无力。

海军医学研究所给水部的研究人员也曾对小白鼠进行了长达7年试验。结果显示，那些长期喝蒸馏水的小白鼠，无不出现生长缓慢，体重下降，骨质疏松，肌肉萎缩等症状，脑垂体和肾腺系统功能也都遭到了破坏。

是不是很可怕？小伙伴们如果不相信的话，可以亲身体验一下。在体内相对缺水的时候，比如运动之后，喝点纯净水，感受一下。是不是感到嘴唇发干，更渴了呢？这就是因为纯净水溶解了人体内原有的微量元素、营养素等物质，随着尿液、汗液被排除了体外。

实际上，纯净水过去主要用来清洗热电厂锅炉、电子工业和集成电路板等元件。许多欧洲国家也都规定纯净水不能直接作为饮用水。既然如此，市面上为什么还有如此之多的纯净水出售呢？这一点也不奇怪，看看那些水源污染事件就知道了。

蔬菜有虫眼用农药少，更安全？

在谈农色变的背景下，为了吃得放心，也为了吃下去的不再是寂寞，常逛菜市场的大爷、大妈们，十八般武艺，般般练得身手不凡。周末去逛超市，经常能看到生活经验丰富的大爷、大妈免费给年轻人讲解安全买菜经。

有虫眼的蔬菜农药用的少，吃起来更安全；偏远地区种出来的蔬菜比大棚蔬菜更健康，因为污染少……说起来一套一套的，跟单口相声似的。事实真是如此吗？

咱们先来看看有虫眼的蔬菜。从理论上讲，被虫子咬的千疮百孔的蔬菜，用的农药应该少一些。如果农药用的多，虫子咬一口就死，不至于出现这么多虫眼。可是，那些农药用的少，有虫眼的蔬菜上应该有活着的虫子啊！

咦！问题出现了吧！谁买菜的时候买过一堆虫子回家？虫子去哪了呢？难不成吃饱后回家睡觉了？还是被菜农一条一条地抓走了？解释只有一个，即被近期施用的农药杀死了。

其实，有虫眼而看不到虫子的蔬菜，农药残留可能还要高一些。与没有虫眼的蔬菜相比，有虫眼的杀的是成虫，没有虫眼的杀的是幼虫或虫卵。而成虫的抗药能力显然大于幼虫，农药使用量自然也会高一些。

成虫是从虫卵、幼虫一步步长成的，如果在虫卵、幼虫阶段就喷洒农药，到蔬菜采收时，农药残留也就分解得差不多了。等虫子长大，出现虫眼后再喷洒农药，蔬菜也差不多到了采收时节。这样的话，留给农药分解的时间相对较少，残留往往也会高一些。

看看吧，你知道的那些都是错误的

另外，有虫眼存在意味着蔬菜的完整性受到了破坏，这就相当于人类和动物身上的伤口。微生物更容易乘虚而入，污染蔬菜。看到这里，小伙伴们是不是有种惊出一身冷汗的感觉？原来有虫眼的蔬菜更不安全。下次买菜的时候一定要注意了！

喝茶、喝咖啡不能补充水分？

中国茶文化源远流长，博大精深，堪称一项国粹。小伙伴们都知道饮茶的好处。茶中含有多种抗氧化物质与营养素，对消除自由基有一定的效果。因此饮茶具有一定的养生保健功能，每天喝三两杯茶可延缓衰老。茶叶中还含有多种维生素和氨基酸，能清油解腻，增强神经兴奋，也可消食利尿。

当然，茶喝多了也不好。吃饭吃多了都会撑得慌，何况喝茶呢？"只要剂量足，万物皆有毒"就是这个道理。

有意思的是，网上居然有三两个专家宣称，喝茶"罪大恶极"。原来，这些专家用脚趾头思考出了一个伟大发现——喝茶会造成身体缺水。喝茶不能补充水分，反而造成身体缺水？这是怎么回事？据说，茶里面含有很多不同的物质，而人体在代谢这些物质的过程中需要大量消耗身体本身的水分，最终造成缺水。

专家们还将此理论推而广之，应用到了喝咖啡上。他们据此得出的结论是，喝茶、喝咖啡的同时必须喝水。"毕竟茶、咖啡只是饮品，并不能够代替水。"

用来泡茶、冲咖啡的水不是水，那是什么呢？这么说来，咱们可以把这个伟大的理论继续推而广之，应用到吃水果、吃饭，甚至喝水本身上来。毕竟，水里也含有各种微量元素和矿物质，人体在代谢它们的时候，也需要消耗身体本身的水分。

不管是喝茶、喝咖啡，还是吃水果，都能补充水分。小伙伴们下次再遇到这样的"专家"，不妨"呵呵"了之。

葡萄和提子是两种不同的水果？

人生最悲哀的事情是什么？不是美女就在你身边，而她却不知道你爱她；更不是她明知道你爱她，却装作不知道。那是什么？是你对小贩说来二斤葡萄，他却告诉你没有，因为他卖的是提子，而不是葡萄。

小伙伴们，这个问题是不是困扰你很久了呢？葡萄和提子到底是怎么区分的呢？它们看上去都是葡萄啊！对，你没错。葡萄和提子，在本质上都是葡萄的果实，原本就是一家，而不是两种水果。

只不过，在商品流通过程中，香港、上海等地的市场将粒大、皮厚、汁少、优质、皮肉难分离、耐贮运的欧亚种葡萄称为提子；又根据色泽不同，称鲜红色的为红提，紫黑色的为黑提，黄绿色的为青提。而将粒大、质软、汁多、易剥皮的果实称为葡萄，因而形成了两种名称。

如果硬是要分出葡萄和提子的区别，可以从外形上分辨。葡萄是圆形的，稍微带点椭圆，提子是椭圆形的；葡萄的颜色一般较深，而提子相对浅一些，只有红提呈深红色；葡萄很容易散落，提起来摇几下就会从串上脱落，而提子果形一致，大小均匀，很难散落；葡萄果肉和皮很容易分离，吃的时候大多需要去皮；而提子较硬，果肉和皮不易分离，吃的时候不需要去皮。

提子之所以具有这些特点，主要是为了延长保存时间，避免和葡萄集中上市。不然的话，一时卖不出去就要全部烂掉了。通常情况下，将外形完整的提子放在室内，可保存15天左右，而葡萄无论如何都没法放这么长时间。

野菜或偏远地区种植的蔬菜污染少？

　　这两年，雾霾挥之不去，土壤污染也越来越严重。为了吃得放心，越来越多的人开始信赖野菜和偏远地区，尤其是山区种植的蔬菜。小伙伴们普遍认为，野菜总归没人给它施用化肥和农药吧！偏远山区空气质量好，土壤受到污染的可能性也比较小，种出来应该是绿色蔬菜了吧！

　　其实根本不是这么回事。如果野菜生长在农田边上，一样有被农药、重金属污染的可能；生长在公路或城市的排污河道边上，还会受到有毒气体、废水的污染。换句话说，野菜虽然纯天然，但未必安全。

　　实际上，把野菜当宝的大多都是大城市居民。在乡下或小城镇，野菜随处可见，没什么稀罕的。很多野菜在乡下只不过是用来喂猪、喂鸡的野草。所以当农民对着城市居民惊叹"你们连这个都吃，我们那都是用来喂猪的"时，根本不是在有意炫耀或侮辱谁，他说的都是事实。

　　说远了，咱们再回到野菜上来。众所周知，要在大城市挖点野菜，除了郊野公园，就只能到郊区了。而这些地方又有多少没被城市工业、汽车尾气污染过呢？

　　封闭、偏远的山区以及没有受到人类活动污染的地区生产出来的食品一定是安全了的吧？未必。这些地方虽然没有受到人类活动的污染，但某些地区的大气、土壤或河流中也含有一些天然的有害物。当然，这也不是说偏远山区种植的蔬菜就不能吃。相对来说，这些地方生产出来的蔬菜还是要安全一些！

元宵和汤圆只是名字不同罢了？

俗话说"正月十五闹元宵"，这天除了看花灯、猜灯谜，还要合家团聚吃元宵，寓意新年团圆甜蜜。是故，正月十五又称元宵节。这是汉民族传统节日中唯一一个以食物命名的节日。元宵在中华传统文化中的地位和影响，由此可见一斑。

说到元宵，不少小伙伴都以为元宵就是汤圆，只不过是南北方居民的称呼不同罢了。实际上，这两种食物虽然在原料和外形上差别不大，但却是两种东西。

元宵所使用的糯米粉非常讲究，必须将糯米泡后再用石碾子磨制、过箩方可使用。由于用的是湿粉，所以"过箩"时筛子最多只能80目，比较粗。然后放好馅料，手工摇制。馅料必须是硬的，可以加入各种果料，所以吃起来有"咬劲"，果香和米香浓郁。一句话，元宵是"滚"出来的。

而汤圆则是包出来的，做法有点像包饺子。先把糯米粉加水和成团，放置几小时"醒"透。然后把做馅的各种原料拌匀放在大碗里备用。汤圆馅含水量比元宵多，馅料也更为丰富，这是两者的重要区别。

湿糯米粉黏性极强，只好用手揪一小团湿面，挤压成圆片形状。用筷子或薄竹片状的工具挑一团馅放在糯米片上，再用双手边转边收口，即可做成汤圆。做得好的汤圆表面光滑发亮，有的还留一个尖儿，像桃形。

说到这里，小伙伴们应该大致明白了。元宵和汤圆的原料、外形虽然差不多，但制作工艺差距大了去了。所以说，这是两种食物。

需要特别提醒的是，这两食物的主要成分都是糯米，而糯米黏性高，不易消化；馅料无论甜咸都属高热量、高油脂的东西，患有胃肠道疾病、肾病、慢性胰腺炎、消化能力较差的老年人和儿童、体重超重者，应少吃或不吃。

味精竟然和酒一样，也有度数？

味精是厨房里的重要原材料之一。做菜的时候，放点味精，可以增味、提鲜，让菜吃起来更加爽口。味精到底是什么东西呢？为什么会有如此神奇的功能呢？味精的化学名字叫谷氨酸钠。我们在市面上看到的味精，都是以粮食为原料，经过发酵，提纯的结晶产品。

有意思的是，这种常见的调味品居然和酒一样，是有度数的。关于这一点，多数小伙伴可能从来就没有注意过。味精的度数越高，就表明它的鲜度越高，提味的能力越强。说到这里，估计很多小伙伴已经猜到了味精的度数是怎么来的。

味精是以谷氨酸钠在味精中所占的百分比来表示鲜度的，也就是味精的度数。目前，市场上销售的主要有两种味精：一种是80度的味精，谷氨酸钠的含量为80%；另一种是99度的味精，谷氨酸钠含量为99%，又称纯味精或无盐味精。

味精除了能够增加鲜味，提高食欲，还可以在胃酸的作用下被分解为谷氨酸。众所周知，谷氨酸是人体必需的营养物质，是人体合成蛋白质的原料之一。它参与脑组织蛋白质的新陈代谢，可被脑组织氧化利用，对于改善脑疲劳及神经衰弱有一定的功用。

有人指出，多吃味精会危害人体健康。比如脱发、妨害视力、破坏遗传因子、致使胎儿畸形，等等。不过，各国的研究表明，味精对成年人并没有直接的危害。科学家只在个别动物实验中发现，在大剂量下，对非常敏感的小白鼠有产生神经毒性的可能。由于这个"大剂量"远远高于人类食物中可能使用的量，也没有进一步的后续研究。

不过，味精确实不宜多食。因为味精中含有钠元素，而摄入太多的钠会导致高血压等疾病。世界卫生组织规定，1岁以下的儿童食品禁用味精，中国也明令规定12岁以下儿童食品中不得添加味精。

巧克力能够提高大脑的计算能力？

不少小伙伴爱吃巧克力，尤其是传说中的"白富美"。据说，常吃巧克力能带来幸福的感觉。不知道这个说法从何而来，但想想也有一定的道理。小伙伴们千万别打破砂锅问到底，到超市里看看巧克力的标价就明白是怎么回事了。

现在，英国诺森布里亚大学大脑与营养研究中心的研究人员又给吃巧克力找到了一个新理由：巧克力中所含的黄烷醇能帮助提高大脑的计算能力。研究人员让30名志愿者饮用了含有500毫克黄烷醇的可可饮料后，让他们进行数字倒数。

这是一个很有趣的游戏，也是很困难的一项游戏。当然，10，9，8，6，5，4，3，2，1，0这样数下来，估计没人数错。但最开始的数字如果是几十万，而且用拗口的英语读法，不数错才怪。

结果表明，志愿者们的倒数速度和准确率明显提高。与未饮用可可饮料前相比，即使连续不停倒数1个小时，志愿者们的疲劳程度也大大降低。

研究人员解释说，这是因为巧克力中富含的黄烷醇增加了大脑的血流量。对那些从事高难度的脑力工作的人来说，巧克力还真是一个不错的食品。遗憾的是，普通人很难从日常饮食中获得如此大剂量的黄烷醇，除非把巧克力当饭吃。

很明显，这不太可能。

幸运的是，即便微小剂量的黄烷醇，也可以防止脑功能退化。换句话说，没事吃两块巧克力，虽然不能让我们变得更聪明，但至少可以帮助我们不再变得更笨。顺便说一下，苹果、葡萄和茶叶中的黄烷醇含量也比较丰富。

黄瓜顶花鲜艳是因为"避孕"了？

多元化社会，文化多元了，怪事也多了。有些小伙伴工作压力大，忙坏了身体，想生孩子生不出来；有些小伙伴也是工作压力大，不敢要孩子，一个劲地"嗑"避孕药。网络传言，喜欢吃黄瓜的小伙伴们，以后可以把买避孕药的钱省下来了。

没事的时候，到菜市场转一圈，你会惊讶地发现，现在的黄瓜越来越招人喜爱了。个个娇嫩带刺，顶花含苞待放，一看就是刚摘下来的。这样的黄瓜放在家里好几天，顶花不谢，瓜身不蔫，简直就是"金刚不坏之身"。

这不科学啊！一般来说，黄瓜摘下来不久，顶花就会自然脱落的。而且，这黄瓜是先开花后结果的植物。按理说，黄瓜都成熟了，顶花怎么才含苞待放呢？据说，这全是避孕药的功劳。不会吧？难道连黄瓜都"避孕"了？

据说，把避孕药在水中稀释之后，喷在刚刚结果的黄瓜上。黄瓜就能快速长大，而且顶花不谢，瓜身鲜嫩。专家也说了，这样的黄瓜不能吃。如果长期食用，儿童可能会出现性早熟的现象，成年人则会直接患上不孕不育症。看来，买避孕药的钱真的可以省下来了，但其后果却相当严重——也许是"不孝有三无后为大"中的"为大"！

实际上，带刺黄瓜使用的并不是避孕药，而是一种植物生长激素乙烯利。稍稍动脑子想一想，就明白了，避孕药的成本多高啊！一斤黄瓜才卖几个钱？一般而言，在蔬菜种植过程中适量使用生长素并不会对人体构成危害。因为动物细胞上并没有针对植物激素的受体。就算吃了这样的黄瓜，也不会导致不孕不育。

现在的问题是，如何保证菜农在生产过程中不过量使用植物激素。国家规定，每升溶剂中乙烯利的含量不能超过300毫克，超量对人体有害。但菜农的文化素质普遍偏低，如何才能掌握这个量呢？真是让人犯愁啊！

学习大力水手，多吃菠菜能补铁？

相信很多小伙伴童年时都看过动画片《大力水手》。动画片中的大力水手波佩叼着烟斗，看上去很瘦弱，可一旦吃了菠菜，立马变得力大无穷，战斗指数飙升。看来，菠菜真是个好东西。可不是嘛！很多人至今仍然相信，吃菠菜能够补铁。

吃菠菜真能补铁吗？咱们先来看看《大力水手》这部动画片是怎么来的。20世纪30年代，美国的孩子普遍缺铁。这时，有一篇论文指出，菠菜的含铁量高，多吃能够补铁。然而，菠菜的味道真的不怎么样。怎么才能让孩子多吃菠菜呢？

于是乎，一位漫画家就设计了一位爱吃菠菜的漫画形象——波佩。在《大力水手》的推动下，"菠菜能补铁"说法迅速流传开来。据说，美国菠菜销量随后猛增了33%。

可是，吃来吃去，孩子们还是缺铁。这是怎么回事呢？一个广为流传的说法是，科学家当初在研究菠菜时不小心点错了小数点，造成了"菠菜含铁量高"这样一个美丽的误会。

看看吧，你知道的那些都是错误的

那么，菠菜到底能不能补铁呢？杭州市农业科学研究院的一项研究表明，菠菜的含铁量并不高。在木耳、鸭血、猪肝、黄豆、蛋黄和菠菜等食材中，菠菜的含铁量最低，而猪肝、鸭血和蛋黄的含铁量都非常丰富。看来，菠菜含铁量高还真是一个美丽的误会。

此外，菠菜中的铁还不易被人体吸收。在食材中，铁的存在形式分为血红素铁和非血红素铁，其中血红素铁是人体易吸收利用的。在植物性食物中，主要是非血红素铁，吸收利用率比较低。据研究，人体对菠菜中铁的吸收率只有1%。单纯以补铁而言，十几斤菠菜还比不上1两猪肝。

吃鱼好处多，吃得越多越好？

很多小伙伴对吃肉有抵触情绪，主要是太怕胖了。在这个"一胖毁所有"的时代，谁胖得起呢？对于鱼，大多小伙伴们可就来者不拒了，犹如"韩信点兵，多多益善"。

鱼不但美味，而且营养丰富，据说吃鱼多还能让人变得聪明。据测定，鱼肉的蛋白质含量多在15%~24%，且易于消化吸收。有研究表明，鱼肉中的蛋白质有87%~98%都会被人体吸收。

鱼肉中还含有DHA等多种不饱和脂肪酸，维生素A，D，B6，B12以及烟碱酸等。鱼肉中的磷、铜、镁、钾、铁、钙等矿物质含量也比较丰富。如此看来，至少从理论上说，鱼是不可多得好食材。

事实上确实如此。多国的科学研究结果均表明，沿海地区的居民患帕金森综合症（"老人痴呆"）、心血管疾病等比例均比内陆居民低。丹麦的研究者还发现，经常吃鱼的孕妇，可以有效降低早产的风险。而且，孕妇经常吃鱼，婴儿也会比一般婴儿健康，精神。芬兰的一项研究则表明，一周吃一次鱼还能够降低患上忧郁症的风险，预防精神分裂症。

总之，几乎所有的研究都表明，鱼是好东西，应该多吃。那么，吃鱼是不是多多益善呢？自然不是。按照人体需求，总的脂肪量不能超过需要能量的10%，而不饱和脂肪酸总量不能超过30%。由于鱼肉中不饱和脂肪酸含量较高，每种脂肪的单一使用，都会有不良反应。比如，鱼脂肪酸中的二十碳五烯酸能有效地抑制血小板的凝聚作用，摄入过量可使血小板凝聚性降低而引起各种自发性出血，如皮下紫癜、脑溢血等。

每天吃多少鱼为宜呢？综合人体摄入蛋白质的各种途径，专家建议每人每天吃鱼最好不要超过50克，也就是1两。

人一生进食9吨，谁先吃完谁先走？

网络的普及给人们的生活带来了诸多便利，不懂的东西，上网一搜，"唰唰"全出来了。与此同时，网络也给咱们带来了不少困扰。因为任何人都可以在网上发言，且产生较大的影响。如果网友所说的某个观点是错误的，而咱们又不加辨别地拿来当作常识了，结果会如何呢？

不久前，网上流传一种说法，称"人一生能吃9吨左右的食物，谁先吃完谁先走"。对于这种说法，很多人深表怀疑，并调侃道："绝食岂不是可以长生不老？"

俗话说得好，"人是铁饭是钢，一顿不吃饿得慌"。不管是谁，只要活在世上，就离不开食物。从生至死，除特殊情况外，人每天都要进食。那么，人一生要吃掉多少食物呢？

一生到底吃掉多少食物，这是因人而异的事情。有的人饭量大一些，自然就吃的多一些。比如，历史上的廉颇退休后还曾"一饭斗余，肉十斤"呢！要现代人一顿饭吃这么多，就算撑爆肚皮也吃不下去。

一般情况下，如果按70岁的寿命计算，人一生可吃掉50吨食物。如果按照75岁计算，这个数字将升到55吨，差不多相当于6头大象的体重。

面对这些食物，我们应该怎么吃下去呢？营养学家介绍说，一个人的身高减去105，就是自身的标准体重，再结合人的活动量，可以计算出此人一天所需的热量，从而推算出所需食物量。轻体力劳动者每千克体重需要30~35焦耳，重体力劳动者则需要40~45焦耳。

也就是说，一名从事轻体力劳动的男性，一天所需热能为2400~2800焦耳，女性为2200~2400焦耳。每天进食米饭300~350克、肉200~250克、水果蔬菜500克左右、植物油9~13克就能满足身体的需要了。

和尚不吃肉，戒"荤"就是戒肉？

现在的人无不追求膳食均衡，荤素搭配。不过，有时候想想，人家和尚不吃肉，身体也挺健康的（其实，这主要是生活方式和心态的功劳，与素食的关系不大）。在小伙伴们的印象里，和尚是戒"荤"的，也就是不吃肉。

实际上，把荤和肉联系起来是一种长期形成的误解。最初的时候，荤菜并不是指用肉类做成的菜。在佛教经典中，"荤"指的是有刺激性气味的蔬菜。咱们经常说的"五荤"包括大蒜、小蒜、葱、韭菜、兴蕖。佛教徒禁止吃荤，就是指的这些有特殊味道的调味料和蔬菜。

这样做的原因和咱们出席正式场合的活动不吃大蒜是一个道理。吃了这些食物之后，嘴里会留下刺激性的味道，熏到别人自然不好。满嘴的怪味去诵经或者祈祷，对神明来说也是一种大不敬。

至于咱们今天所说的肉，在佛经中称作"腥"。和尚不准吃肉，是由南朝梁武帝萧衍最早从"不杀生"的观点演化出来的规定。这是一个笃信佛教、向往出家生活的皇帝。他认为，经书中的"戒杀生"，必须是在戒吃肉的环境下才能从根本上实行。所以，他下旨提倡全民吃素，并规定和尚不准吃肉。就连祭祀祖宗的供品，也改成了面粉做的"猪肉"。

另外，现在和尚不吃肉也是根据情况而定的。比如大乘佛教是什么肉都不能吃，而小乘佛教在一些条件下允许吃肉。印度、斯里兰卡等国，出家人是可以吃肉的。

海水是咸的，海水鱼为什么不咸？

海水鱼生活在咸咸的海水里，为什么不咸呢？这是生活中最最普通的一个生物问题。鱼类终生生活在水里，有的在淡水里优哉游哉，有的在海水里繁衍生息。有意思的是，生活在淡水里的淡水鱼并不淡，生活在海水里的海水鱼也不咸。

其实，不管是淡水鱼，还是海水鱼，体内都含有一定的盐分。淡水鱼体液盐分的浓度高于周围的淡水环境。由于渗透作用，水就会不断地从体外进入体内。过多的水分使鱼的肾脏加紧工作，不断地以尿液的方式排出大量的水分。同时，鱼鳃上的吸盐细胞能够向血液中增加盐分，使体内的水分和盐分得以恒定，使淡水鱼不淡。

海水鱼则有根据自身需要从海水中吸收某些离子的本领。它们的细胞类似半透膜（只允许某种或某几种分子进出的薄膜），用以和环境进行物质交换和渗透调节。多数海洋动物与海水是等渗压的，只有生物体自身所需要的离子才可以通过，其他则不能通过。

有些离子海水中含量很多，但它们并不十分需要，所以吸收的就不多。有些离子在海水中的含量很少，但它们却非常需要，因而就吸收得很多。组成氯化钠的氯离子和钠离子在海水中含量虽多，对海水鱼类来说，需要得不太多，因而在体内含量很少。这样，海洋生物的肉也就不像海水那么咸了。

另外，海水鱼类为了维持水、盐分的平衡，它们能吞饮大量海水，然后，用鳃上的泌盐细胞消除过量的盐分，同时，肾小体很小或者完全消失，这样可以减少滤液，防止失水，因此，体液的正常浓度不受海水的影响。所以，海水鱼并不咸。

简单地说，这种现象是鱼类自身的结构同环境相适应的结果。就和骆驼生活在沙漠中，但体内并不含沙子是一个道理。

饮用无糖饮料，身上不会长"肉肉"？

近年来，减肥风潮刮遍了每一个家庭。美女们不管胖瘦，一律宣称要坚持减肥。于是乎，低糖和无糖饮料也盛行起来。许多小伙伴认为，低糖或无糖的食品最适合减肥了，多喝点也无所谓，反正不会长"肉肉"。商家抓住了美女们的这一心理，也大力宣传低糖和无糖饮料的好处。

饮用低糖或无糖饮料真的不会长"肉肉"吗？实际上，低糖或无糖饮料根本无助于你的减肥事业。饮料中如果不含糖，它的甜味是从哪里来的呢？小伙伴们有没有考虑过这个问题呢？

虽然那些低糖或无糖饮料的包装上印着醒目的"低糖"和"无糖"字样，但饮料本身是不可能脱离糖分的。只不过，商家所宣传的低糖或无糖是指蔗糖而言的。为了保持饮料的口感，商家往往以防腐剂和人造甜味剂代替蔗糖。

也就是说，无糖饮料中并不是真正的无糖。这是一个"偷梁换柱"的做法。更要命的是，商家的这种暗示和恶意引导还可能导致大脑对这种非正常的甜味反射需求。这是什么意思呢？就是说，当身体真正的糖分被过多消耗之后，而机体又没有正常的补充糖分，就需要更多的蔗糖来满足身体的这种需求。

另外，很多无糖饮料里面还含有咖啡因，咖啡因容易导致对饮料上瘾。化学糖分和咖啡因结合，势必会让你陷入恶性循环的怪圈中。

咱们知道，饮料的热量都非常高。而高热量也是导致肥胖的重要原因之一。长期喝这样的无糖饮料，身上的"肉肉"没有减掉，反而长出了"呼啦圈"。小伙伴们，趁着你的大脑还没有对化学糖分产生依赖的时候，果断停下滑向"深渊"的脚步吧！

益生菌饮料改善肠道环境，促消化？

益生菌饮料可以改善肠道环境，促消化，甚至增强免疫力的理念越来越深入人心。各种益生菌饮料也在包装的醒目位置，争相标注所含活性乳酸菌数量，100亿、300亿，甚至更多；益生菌名称也越来越新鲜，什么干酪乳杆菌、保加利亚乳

看看吧，你知道的那些都是错误的

杆菌、双歧杆菌……

益生菌饮料真的能像商家宣传的那样，改善肠道环境，促进消化吗？小伙们都知道，咱们的肠道内生存着至少500种的细菌。通常情况下，这些细菌是无害的，甚至是有益的。比如，肠道中的某些细菌能合成多肽、维生素被人体吸收利用，还能抑制致病细菌的泛滥。

乳酸菌是对能发酵产生乳酸的细菌统称。绝大多数乳酸菌，包括双歧杆菌、乳杆菌都属于食品工业定义的益生菌。科学界也勉强达成了一种共识：摄入足够量的活性益生菌，的确对人体具有一定的保健作用。

不难看出，这里有两个关键点，即摄入益生菌的必须足够多且保持活性。小伙伴们现在知道那些益生菌饮料的包装上为什么动辄标上数百亿的旗号了吧！然而，这一切都是商家在自说自演，根本没有经过严格的临床研究。这也是益生菌饮料在欧美市场无法进行健康宣传的原因。因为欧洲食品安全局规定，食品商必须拿出证据来证明产品确有其宣传的功效。很遗憾，食品商拿不出来。

这是不是能说明一点问题呢？是故，几乎所有的营养学专家都认为，益生菌饮料的真正功效只能存疑。如果消费者想吃益生菌产品，不妨喝点酸奶。即使产品里的益生菌没什么用，至少酸奶本身还有相当的营养价值。

猪血、萝卜、银耳、雪梨，能清肺？

雾霾是咱们中国人心中的隐痛，说好的"发展经济不以污染环境为代价"去哪了呢？不过，持续的雾霾天气倒让"清肺食物"火了一把。传统医学认为，猪血、萝卜、雪梨、银耳等食材具有清肺功能。不少小伙伴以此为依据，理所当然地认为"清肺食物"能够帮助人体防御雾霾。

这个有用吗？咱们知道，雾霾主要是由粉尘造成的。除了浓度，颗粒大小是关键，颗粒越小，危害越大。直径大于10微米的颗粒可以被鼻腔内的纤毛拦截，而比这小的颗粒则会被吸入呼吸道。

如果颗粒小于2.5微米，也就是咱们常说的PM2.5了，还会沉积到支气管，严重影响人体的呼吸健康，甚至导致肺癌。如果颗粒的直径小于0.1微米，就更恐怖了。它们会一路直行，穿过肺泡，进入血液，并随着血液流窜到其他器官。如果沉积在血管中，还会导致血管硬化，从而危害心血管。

由此可见，粉尘对人体的影响主要来自物理作用。想要清理它们，至少得让"清洁工"和它们见见面，或谈判，或战斗。食物从食道进入体内，经过肠胃，大分子被消化分解成小分子。这些小分子会穿过小肠绒毛，进入血液，然后被运送到人体各处的细胞中，为它们提供养分。

说到这里，你会发现，除了小于0.1微米的颗粒之外，食物中的成分和大部分颗粒根本没有见面的机会。很明显，它们也无法和被吸入体内的雾霾展开谈判或战斗。就算是小于0.1微米的颗粒，在食物小分子面前依然是庞然大物。虽然不排除"蚍蜉撼大树"的可能，但目前并没有相关的实验证据。

专家表示，依靠食物清除体内的粉尘只是一个美好的想象。对整个国家和民族而言，真正有意义的是转变经济发展方式，治理和保护我们赖以生存的空气。

酱油、生抽和老抽有什么区别？

俗话说得好，"开门七件事，柴米油盐酱醋茶"。酱油乃是厨房里不可或缺

看看吧，你知道的那些都是错误的

的调味品，其重要性不亚于食盐。走进超市，货架上的酱油产品可谓琳琅满目，有的标着生抽，有的标着老抽，还有的标着酱油。那么，生抽、老抽和酱油有什么区别呢？

不知道了吧？不知道也没什么丢人的。别说"不当家不知柴米贵"的年轻人，就算能为"无米之炊"的巧妇也未必说得清楚。当然，知道也没有额外的好处，考试不加分，工作不加薪。

酱油是总称，生抽和老抽则是生产工艺、用途不同的两种酱油。生抽的原料以大豆、面粉为主要，人工接入种曲，经天然露晒，发酵而成。成品色泽红润，滋味鲜美协调，豉味浓郁，体态清澈透明，风味独特。

老抽则是在生抽酱油的基础上，把榨制的酱油再晒制2~3个月，经沉淀过滤而成。是故，老抽的质量比生抽更加浓郁。

生抽颜色较淡，味道较咸，一般用于调味，是厨房中常备调味品。拌凉菜或做一般的炒菜，使用生抽比较合适。而老抽加入了焦糖色，颜色很深，呈有光泽的棕褐色，吃到嘴里有一种鲜美微甜的感觉。所以，老抽更适合用于着色。红烧的时候，使用老抽为宜。

既然如此，为何不用调味酱油、红烧酱油这样的名字，非得使用生抽、老抽呢？这既是一个习惯，也是赶时髦。原来，生抽和老抽是粤方言词汇。广东地区经济发达，工业基础较好，生抽和老抽也就赶时髦似地传遍了全国。这跟内地明星讲话时一口港台味是同样的道理。

米醋、白醋和陈醋有什么区别?

"茶米油盐酱醋茶",这食醋排在酱油的后面,可见其在调味品中所占的地位何等重要。和酱油一样,食醋的种类也很多,有米醋,有白醋,还有陈醋。这些醋有什么区别,分别适合做什么菜呢?

各种食醋的酿造原料和工艺均不相同。白醋以糯米为主要原料,经处理后使糯米中的淀粉转化为糖,再用酵母使其发酵成酒精,然后在醋酸菌的作用下发酵生成醋酸。由于色泽较浅,白醋主要用于拌凉菜,西餐烹饪中使用也较多。

米醋主要使用优质大米、高粱经过发酵酿造而成。其制作工艺存在南北方差异,南方的米醋大多带有甜味,适用于酸甜口味的菜肴和腌泡菜,北方米醋酸味较浓,适用于烹制酸汤鱼等酸味菜肴。

陈醋的原料和前期工艺与米醋相同,但不同的是,陈醋酿造时间至少在一年以上,酿好的米醋需经夏日伏晒、冬季捞冰的长期陈酿和浓缩工序才能制成陈醋。

优质陈醋呈棕红或褐色,黏稠度高,带有浓郁的醋香。老陈醋常用于颜色较深且需要突出酸味的菜肴中,如酸辣汤等,也适合吃饺子时蘸食。

由于南北方口味的差异,陈醋在北方市场较受欢迎,也形成了地方品牌,如山西老陈醋。米醋在南方市场比较畅销,镇江米醋就是驰名中外的地方品牌。

看看吧,你知道的那些都是错误的

白酒越陈越香，越陈越好？

"姜是老的辣，酒是陈的香"，这似乎已经成了不容置疑的真理。一瓶1985年出厂五粮液，22年前的售价为3.75元，但在22年后的名酒拍卖会上却拍出了2.2万元的高价。各大白酒厂家也纷纷推出十年陈、二十年陈，甚至三十年陈的年份酒。从售价上看，年份越高，价格也就越高。

那么，白酒到底是不是越陈越香，越陈越好呢？从生产工艺来将，确实如此。好酒大多都需经过陈酿。陈酿是蒸馏酒生产必须经过的一个过程。一般来讲，蒸馏酒刚蒸出来以后，它的感官质量比较差一些，酒的香气不太正，滋味也不好，喝起来有些辛辣的感觉。必须经过一定时间的储存，让酒内的成分趋于协调一致，使其变得柔和、醇香。

不过，人们对年份酒的认识存在误区。真正的"陈年酒"是指在密封的酒桶中酿造存放的酒，而不是家里用瓶密封的酒。装瓶后，最好在3年内喝完。一般的白酒虽然没有保质期，但存放时间太长，也会出现酒精度降低、酒味寡淡等品质下降的问题。

普通的清香型，尤其是度数相对较低的白酒，存放5年以后就会出现口味变淡，香味减弱等现象（度数越低，时间越短）。这是因为酒中的酯类物质水解，影响到了产品的质量。近几年，有关部门对白酒产品的抽查结果也显示，每年都有一些低度白酒因酯类水解而导致质量不合格。也就是说，白酒越陈越香的传统观念并不适用于低度清香型白酒，而高度酒的储存也需要特别的方式和容器。

啤酒和白酒一块喝为啥容易醉？

"古来圣贤皆寂寞，惟有饮酒留其名"，中国的酒文化源远流长，博大精深。善饮者都知道，这酒不能混喝，一混就醉。宋代品酒名家陶谷在《清异录》中就曾说："酒不可杂饮。杂之，善酒者亦醉，乃饮家所忌。"

同样是酒，为什么混喝就容易醉呢？这主要与酿酒的原料、工艺有关。倘若混合喝同一类原料、同一工艺酿造的酒，并不会比单喝一种酒容易醉。不同原料、不同工艺酿造出来的酒，其化学成分亦不相同。

一般来说，一定量的乙醇并不容易醉人，而当乙醇同与其化学结构相近的物质如甲醇、丙酮等混合进入人体，对神经系统产生作用后才容易造成醉酒的感觉。几种酒混着喝时，很容易造成乙醇同与其相似的化学物质混合，因此更容易产生醉酒的感觉。

比如，白酒和啤酒一块喝，就很容易醉酒。白酒除少量的杂醇油外，主要是乙醇，而啤酒中含有很多成分如二氧化碳、肽及氨基酸、无机盐、维生素、抗氧化物质如多酚类物质，有一些物质可以促进乙醇的吸收。

各种酒混喝，不但容易醉，还更容易对身体产生危害，啤酒中的二氧化碳和大量水分会加速乙醇在全身的渗透作用，对肝脏、肠胃和肾脏等器官产生强烈的刺激和危害，影响消化酶的产生，使胃酸分泌减少，可导致胃痉挛、急性肠炎和引起胃出血、十二指肠炎等症状。

所以，酒不宜混喝。当然，不喝酒最好！

新鲜木耳比干木耳的营养好？

黑木耳营养丰富，味道鲜美，常吃能养血驻颜，令人肌肤红润，容光焕发，并可防治缺铁性贫血，预防血栓症的发生，被誉为"素中之荤"。因此，黑木耳是人们餐桌上的常客。

不过，有些人会从菜市场购买新鲜木耳，直接烹饪。按理说，这新鲜木耳应该比干木耳的营养更丰富，口感更好。可是，很多人吃了之后却出现了不适症状。

这是怎么回事呢？原来，新鲜木耳中含有一种卟啉类光感物质。这种物质对光线非常敏感，随着血液循环到人体表皮细胞中，受阳光照射，极易诱发日光性皮炎，引起皮肤瘙痒、疼痛、红肿，出现鲜红色丘疹和水疱，严重者甚至会导致皮肤组织坏死。

此外，这一有毒物质还有可能被咽喉黏膜吸收，导致咽喉水肿、流泪、流涕以及全身乏力、呼吸困难等症状。

干木耳是经暴晒处理的成品，在暴晒过程中会分解大部分卟啉。在食用前，干木耳又经水浸泡，其中含有的剩余毒素会溶于水，从而使水发的干木耳无毒。

水发干木耳宜用冷水。冷水发木耳耗时较长，但正因为如此，水才能慢慢地浸透到干木耳中，使其恢复到生长期的半透明状，吃起来更鲜嫩脆爽。此外，还应注意，黑木耳不宜凉拌，特别是对消化功能相对较弱的人群而言。

第二章

是外貌协会，还是送福利？

一周三次，去死皮还是"剥皮"？

美女们在护肤保养上向来十分慷慨，而且越来越讲究。工作再忙，一周也要去一次美容院，去去角质层，保养保养皮肤。角质层就是咱们通常所说的死皮，实际上就是死去的表皮细胞。去死皮可以促进表皮的新陈代谢和细胞的更新，改善皮肤干燥、皱纹、痘痘等现象，使皮肤看上去焕然一新。

不过，频繁去死皮并不是什么好事。2013年1月，重庆大坪医院迎来了一位奇怪的病人——27岁的刘女士。刘女士很爱美，经常去美容院去角质层，但她走进医院的时候却带着厚厚的口罩。因为她的皮肤不但脱皮、发红，还长出了许多小疙瘩。

经医生检查，刘女士的病症居然是过度去角质层引起的。原来，刘女士在一个月前听从朋友的劝告，买了一支去角质膏。用完后，她发现脸摸起来光滑了不少。去死皮果真见效果了。尝到了甜头的刘女士，在接下来一个星期内进了3次美容院，去了3次角质层。去完3次角质层，刘女士的皮肤还真改善了很多，光滑细腻、白里透红。

然而，仅仅3天后，她的皮肤就开始脱皮，擦化妆水还感觉刺痛。她开始每天做面膜，症状不但没有缓解，脸上反而长出了很多红疙瘩，脸颊也出现了许多红血丝。到医院一查，刘女士惊呆了，问题恰恰出在去角质层上。

角质层虽然是死皮，仅有0.02毫米厚，但却富含角蛋白，是皮肤的保护层。它不但能帮助皮肤抵御外界细菌，还有助减少水分蒸发，使皮肤保持湿润。一般来说，角质层更新一次需要28天左右。一个星期7天，去了3次角质层，已经不是去死皮了，而是"剥皮"。

"剥皮"后，皮肤处于裸露状态，一方面无法锁住水分，导致皮肤干燥敏感；另一方面会使得细菌趁机而入，诱发皮肤过敏。刘女士就是属于这种情况。

大坪医院皮肤科医生建议大家，最好不要使用此类产品，更不要到美容院去角质层。除非皮肤特别油、特别粗糙。但也不能过于频繁，一个月最多一次就够了。

嘴唇干裂，多擦润唇膏就好了？

每年冬春季节，北方地区通常多风干燥，让人感觉很不舒服。比较突出的一个问题就是嘴唇干裂。为了应对这个问题，小伙伴们通常会在口袋或包里装一支"随身武器"——润唇膏。只要感觉嘴唇干了，就掏出来抹两下，一天下来能用十几次，甚至更多。

多擦润唇膏真能让嘴唇不再干裂？这个真不能！嘴唇黏膜很薄，只有其他部位皮肤的三分之一，所以极易受损。使用润唇膏虽然可以暂时缓解嘴唇干燥，但不能从根本上解决问题。而且，频繁使用润唇膏，还会让嘴唇干裂更加严重。

这是怎么回事呢？润唇膏一般是由矿物油、色素、香味剂等物质构成。这些成分不但容易吸附空气中的灰尘，有时候还会吸收水分。因为它本身的水分大都因为暴露在空气中的时间过长而蒸发了。冬春季节的空气那么干燥，想想就知道润唇膏吸收的水分是从哪里来的了。

更加严重的是，太厚的润唇膏会阻碍嘴唇皮肤的正常代谢，使其无法分泌和调节油脂，以进行自我保护。时间久了，嘴唇就会变得更加干燥。严重的还会引起嘴唇表皮细胞剥脱，发生各种口唇疾病，如口唇炎、复发性唇炎等。

所以，小伙伴们最好不要使用润唇膏。如果嘴唇干裂实在难受，非得使用润唇膏，一天用个两三次也就够了，尽量不要超过3次。这是因为一般润唇膏的滋润时间都在4个小时左右。

但这也只是治标不治本的办法。想要治本，还得适当补充维生素B2。体内缺少维生素B2是出现嘴唇干裂的常见诱因之一。消化系统代谢异常也会引起此类问题。冬春季节，适当吃点橘子、胡萝卜等富含维生素B2和促进消化的山楂、萝卜等蔬果，会收到意想不到的效果。

脸上长痘痘，"牙膏君"来帮忙?

有问题问"度娘（百度）"，这是很多小伙伴生活口号。比起翻阅工具书，问"度娘"确实方便快捷得多，但也有一些小问题。网络上鱼龙混杂，人人可以发言，人人都可以把自己的生活小窍门或经验与人共享。这些东西难免会让我们形成一些错误的常识。

这些年，"牙膏君"变得非常忙碌。因为有人在网上发帖宣称："牙膏君"

不但能清洁牙齿，还能用来洁面、去痘痘、祛斑、治痔疮……总之，牙膏君无所不能，乃是居家"大神"级别的必备品。

"牙膏君"真有如此神通广大吗？牙膏里面含有双氧水等杀菌、消毒的成分，也含有可使肌肤镇静、舒缓的薄荷成分。脸上长痘痘的时候，通常会有一种火辣辣的感觉。把牙膏往痘痘四周一抹，顿时就舒服多了。这就是薄荷成分的功效。

不过，这种舒服只是暂时的。牙膏不但不能从根本上解决痘痘的困扰，还会带来更大的麻烦。牙膏中的双氧水等成分对皮肤有一定的烧灼和刺激作用，而且不易控制。稍有不慎，就会破坏角质层，使皮肤变得敏感，降低抵抗外来刺激的能力。

此外，牙膏中的氟化物也可能对毛囊产生刺激，让痘痘恶化。如果长时间在痘痘周围涂抹牙膏，还会在痘痘消失后留下难看的痘痕。

如此看来，去痘只能指望专业的去痘产品了。遗憾的是，那些所谓专业的去痘产品，其功效并没有商家宣传得那么神奇。它们的作用不过是杀杀菌，同时缓解一下肌肤不适感罢了。真想根治痘痘，还得寻找深层原因，从饮食和作息习惯入手。

从医学角度来讲，产生痘痘的原因有三种：一是体内激素分泌紊乱，刺激皮脂腺增生，导致油脂分泌过多，青春痘大多都是这个原因。二是毛囊角化异常，导致毛囊口堵死，油脂排不出来。三是细菌感染导致的，以厌氧棒状杆菌为主。这类细菌一般不会繁殖，但是当毛囊口被堵死，为细菌提供了厌氧的环境及供给营养的油脂之后，细菌就会大量繁殖，导致皮肤出现炎症，如红肿、灼痛等症状。

另外，精神紧张、压力过大、饮食辛辣等也会导致皮肤长痘。治疗痘痘，先弄清原因，然后再对症治疗。牙膏治痘这些没有科学依据的偏方还是不信为好。

面膜当饭吃，天天做才会有效果？

如今是一个美女辈出的时代，这主要得感谢伟大的优生优育政策。正是由于优生优育，纯天然、绿色、无污染的美女越来越多。脸蛋和理想有些差距的女孩，也可以躺到手术台上，美容医生缝缝补补也能缝补出超级大美女。

不过，这个代价比较大，不是所有人都能承受的。大部分人还得靠化妆品。据说，不少女孩子天天做面膜，一天能敷好几张。简直就是把面膜当饭吃的节奏！可是，敷来敷去，脸上也没有什么改观。

难道面膜都是骗人的？根本就没有效果！NO！面膜是有效的，只是皮肤受不了如此折腾法。说到底，敷面膜就是给皮肤补充水分和其他营养物质，只是一个辅助手段。如果频繁地敷面膜，可能会刺激皮肤对此产生依赖。搞不好的话，还会把皮肤折腾得越来越差。

市面上的面膜大多都是用化学物质调配出来的，用的过于频繁不但对皮肤没有什么好处，还会适得其反。试想，总把一堆堆化学物质往脸上抹，肌肤不出现过敏、红肿等不良症状，那才是奇迹呢！

一般情况下，一周敷两次2次面膜就够了。如果需要加强某种效果，例如美白，可以在第一周连敷7天面膜，然后从第二周起，每周敷2次即可。

至于清洁面膜，就更不能多做了，一周做一次就可以了。这类面膜的原理多半是先让毛孔扩张，然后再把毛孔里的油脂和污物清理出来。过度使用此类面膜，会导致皮肤长期处于亢奋状态。

看看吧，你知道的那些都是错误的

什么是亢奋状态？简单点说，就是毛孔张大了，不易复原。一脸毛孔，坑坑洼洼，跟黄土高原似的，能美吗？想想都恐怖！

买了面膜不能浪费，多敷段时间？

这些年面膜越来越贵。弄得一大帮小伙伴几乎连面膜都买不起了。好不容易攒俩钱，买张面膜，可不能浪费了，最起码得多敷段时间。

这只是一个小玩笑。薪水再少，还不至于买不起面膜！不过，还真有美女敷面膜，一敷就是几十分钟，甚至整整一个晚上的。结果，越敷面膜皮肤越干。这是怎么回事呢？

其实，道理很简单。面膜刚敷到脸上的时候，皮肤比较干燥，而面膜比较湿润，皮肤会从面膜吸收水分。15分钟左右，皮肤的水分含量就和面膜差不多。两者处于平衡状态，皮肤就不会再从面膜吸收水分了。当然，面膜也不会从皮肤吸收水分。

可是，面膜暴露在空气中，水分会不断蒸发，很快就会变得比皮肤干燥。小伙伴们想一想，结果会怎么样呢？水分自然会重新渗入面膜，导致皮肤再次变得干燥起来。也就是说，面膜敷15分钟左右就够了。时间长了，效果会适得其反，反而更浪费金钱和精力。

还有不少妹子喜欢自制面膜，在脸上贴点黄瓜片、西瓜皮……这倒是一个非常经济的办法，但效果也十分有限。由于缺少有效成分，这种"面膜"只适合用来进行一般的保养，而无法缓解肌肤衰老等问题。

顺便说一句，夜晚是皮肤美容的"黄金时间"。因为皮肤细胞在这个时候最活跃，代谢能力更强，可以令面膜或是其他保养品的美容精华充分发挥功效。

冷热水交替洗脸，能让皮肤更紧致？

很多小伙伴都相信，冷热水交替洗脸，能够紧致肌肤。不少美容专家也从理论角度支持这一说法。根据热胀冷缩原理，先用热水洗脸可以打开毛孔，增强清洁效果。然后再用冷水清洗，刺激毛孔收缩，可增加肌肤弹性，延缓皱纹生成。

咦？听起来很有道理嘛！是的，听起来确实很有道理。因为这个说法依据的热胀冷缩原理是大家公认的真理。如果大家想一想反复吹涨的气球，或者孕妇产后的肚子，就不会认为这个说法有道理了。

事实证明，冷热交替洗脸，刺激毛孔瞬间张大缩小，很容易导致毛细血管扩张，形成面部红血丝现象，严重的还会引起面部敏感等症状。如果你本身就是敏感肌肤，采用这一方法来洗脸的话，情况可能更加糟糕。

那怎么办呢？只用热水或冷水洗脸？用热水洗脸的清洁效果不错，但在洗掉油脂的同时也会破坏肌肤的保护膜，让皮肤紧绷难受、越来越油，毛孔也会越来越大。用冷水洗脸的话，又会大大降低洁面效果。

这也太纠结了吧！不用纠结！使用和肌肤温度较为接近的温水洗脸就好了。温水不会刺激毛孔瞬间张大缩小，也能很好地清洁皮肤。

此外，单靠洗脸或使用护肤品来保养皮肤，效果并不好。最好配合饮食和规律的作息时间。饮食宜清淡，不宜辛辣、油腻，多吃富含各种维生素的果蔬，适当进食肉类，可使皮肤保持活力。

每天晚上的11点到次日早晨6点是皮肤的睡眠时间，也是最佳的睡眠美容时间。所以，这个时段最好避免熬夜，让皮肤美美地睡上一觉。

防晒霜SPF系数越高，效果越好？

防晒是皮肤保养的第一步，也是最让人纠结的一步。到底该选什么样的产品呢？有些小伙伴完全不懂，只能听任导购的忽悠，让买什么就买什么。稍专业一点的小伙伴，关注的也只是SPF防晒系数，认为SPF系数越高越好！

真是这样吗？选购防晒产品有很多讲究，不能只看SPF，也不是SPF系数越高越好，而应兼顾SPF和PA。会损伤皮肤的主要是紫外线和可见光。根据波长不同，紫外线又分为短波紫外线、中波紫外线和长波紫外线。中波、长波紫外线是引起光敏性皮肤病的主要作用光谱。如果明显感觉皮肤被晒伤了，那就是中波紫外线，即UVB的作用。

UVB只能达到表皮基底层，强烈照射会引起表皮坏死和色素沉淀。例如，三伏天出去溜一圈，回家一看，皮肤被晒红、晒脱皮了，就是UVB在作祟。

晒黑皮肤的主要是长波紫外线，即UVA。长波紫外线具有极强的穿透能力，可作用于真皮浅层，使皮肤晒黑，并导致脂质和胶原蛋白受损，造成皮肤光老化。皮肤的"光老化"跟自然老化不一样，它日积月累，会使皮肤更粗糙，导致皮肤衰老、松弛，是不可逆的，属于皮肤的"无形杀手"。

防晒系数SPF是测量防晒品对中波紫外线，即UVB的防御能力的检测指数。而PA则是测量防晒品对长波紫外线UVA的防御能力指数。目前，防晒产品PA等级多分为PA+、PA++和PA+++3种。SPF的计算方法则是：假设紫外线的强度不会因时间改变，一个没有任何防晒措施的人如果待在阳光下20分钟皮肤会变红，当他涂了SPF15的防晒品时，表示可延长15倍的时间，也就是在300分钟后皮肤才会被晒红。

也就是说，这两个系数越高，防晒时间越长，抵御中、长波紫外线的能力也越高。但系数越高，也就表示产品里含有更多的物理或化学防晒剂，对皮肤的刺激也大一些，容易堵塞毛孔，甚至滋生暗疮和粉刺。

以东方人的肤质来说，日常防护选用SPF10~SPF15的防晒产品就已经足够了。顺便说一句，现在还没有能够完全隔离紫外线的产品。

标榜美白功能的化妆品真能美白？

商家是最了解消费者的人，甚至比消费者还要了解消费者，简直就像是消费者肚子里的蛔虫。正因为如此，才会出现诸如"南京到北京，买的没有卖的精"之类的俗语。一些商家抓住小伙伴们"一白遮百丑"的心理，标榜化妆品的美白功能，无不赚得盆满钵满。

这些化妆品真的具有美白的功效吗？咱们不妨先看看此类化妆品的美白原理。最常见的是物理遮盖，即用白色矿石粉敷于面部，使皮肤看上白一些。这个方法的效果立竿见影，但只是暂时的，是一种表象。现在的美白产品在宣传上已完全摒弃了这一套路，但在产品中还是会添加一些类似的成分。

第二种方法是抑制黑色素的生成。方法有很多，如防止紫外线照射、用还原剂控制氧自由基生成、抑制酪氨酸酶的活性等。

第三种方法是脱去已有的黑色素。具有这种功效的成分比较多，但大多属于违禁品，比如汞。这已经不是什么秘密了。近些年来，有关国内化妆品汞超标的

看看吧，你知道的那些都是错误的

报道已经不少了。厂家最常用的成分是精纯维生素C及其衍生物。

目前，市面上的产品大多都是结合第二和第三两种方法而研制的。这类产品在短期内可防止皮肤进一步变黑，保持原有的白皙肤色。长期使用的话，也能让皮肤变得白一些。但要明显看出效果，最起码也要两个月以上。这是因为皮肤更新的速度为28天左右，美白产品起效需要大于这个时间。

实际上，美白化妆品在临床测试中也多以8~12周为期限。也就是说，日常使用美白产品，大概两个月以后见效是非常正常的。如果一些商家宣称他们的产品三天或是一周见效，就应该注意了。此类产品中必定要么添加了汞或其化合物等违禁品，要么纯粹就是虚假宣传。

洗完脸立即用毛巾把水擦干？

洗脸是早晨起床后和晚上睡觉前必做的清洁工作。很多小伙伴洗完脸后，会立即用毛巾把脸上的水擦干。这个方法简单、有效，但同时也略显粗暴。

用粗糙的毛巾在细嫩的皮肤上揉搓，不但会刺激、伤害皮肤，让肌肤长细纹，还会把暗藏的细菌转移到脸上呢！毛巾凹凸不平，布满了绒毛，是最容易滋生细菌的场所之一。如果不及时清洗干净，并放在太阳下暴晒，很容易成为细菌的温床。用这样的毛巾擦脸，必然会把上面的细菌带到皮肤上。

无论多么细柔的绒毛，也会随着使用时间的增加而变硬，摩擦力也会越来越大。细腻的肌肤怎么经得起如此折磨呢？时间长了，脸上的皮肤就会因为这种不规则的揉搓而长出细纹。

正确的方法是，洗完脸后，尽量用化妆棉、面巾纸或专用面扑把水吸干。当然，使用拧干的纯棉毛巾也可以。只是不能用力擦，而是轻轻拭干，或者吸干。

另外，有色彩和图案的毛巾也不宜常用。因为，其中添加的染色剂也会对皮肤有所刺激。所以，大家在选择毛巾的时候，还是尽量选用浅色的纯棉毛巾。每次使用之后都要清洗干净，放在太阳下暴晒，而不是放在卫生间阴干。

需要特别注意的是，如果脸上长了痘痘，最好用面巾纸代替毛巾，按在痘痘周围，以按压的方式把水分吸掉。不然的话，粗糙的毛巾很可能会把痘痘擦破，造成细菌感染。

化妆品用得越多、抹得越厚就越好？

每次护肤，化妆品用多少为宜呢？是不是用得越多、抹得越厚，效果就越好？很多美女都有类似的困惑。一部分人为了节约化妆品，只在皮肤上薄薄地敷一层。连皮肤本身的颜色都盖不住，怎么发挥化妆品的功效呢？

另外一部分人则恰恰相反，总认为化妆品抹得越厚越好，尤其是保湿类产品。真是这样吗？韩国有人专门对这两种化妆方式进行了对比测试。结果发现，化妆品抹得厚确实比薄薄地敷一层效果好一些。

但这并不是说，化妆品用得越多越好，更不是抹得越厚越好。在每天护肤程序中，只要保证基础保养就足够了，即清洁产品、化妆水、面霜和特殊保养品。这里的特殊保养品是指眼霜或者祛斑霜，等等。日常护理只要满足这些就够了，过多的护肤品反倒会给肌肤造成负担，甚至养成护肤品依赖症。

护肤品抹厚了也不好，反倒会让皮肤变得更加干燥。就算是含水量很高的凝胶或果冻型保湿品，也不宜过多使用。一方面，无论抹多厚，水分最后都会因为干燥的空气而被蒸发掉，造成不必要的浪费。另一方面，化妆品涂得厚了，会堵塞毛孔，影响皮肤的呼吸和新陈代谢，引发过敏、暗疮等肌肤问题。

使用儿童护肤品效果会更好？

很多小伙伴喜欢使用婴儿专用护肤品，以为这样更安全、更有效。事实真是如此吗？使用儿童或婴儿护肤品确实要安全一些。因为这类产品成分通常较少，相对温和一些。不过，儿童或婴儿类护肤品却不适合成人使用。

成人皮肤的代谢状况与儿童、婴儿皮肤有很大的不同。儿童、婴儿体内水分含量较高，而其皮脂腺分泌的油脂较少。正因为如此，他们对护肤品的要求也相对简单一些，只要做到滋润、保湿就可以了。

针对这些特点，婴儿护肤品的配方都很简单，主要由天然滋润成分、保湿因子或天然矿物油等物质组成，比较温和、无刺激。但这同时也决定了此类产品的功效相对单一。

成年人的皮肤护理比较复杂，需要修复、锁水、抗皱、美白等多种营养维护。很明显，儿童或婴儿护肤品是无法满足这些需求的。尤其是随着年龄的增长、精神紧张和环境污染等因素，成年人皮肤中的氧自由基越来越多，皮肤会起皱纹、色斑、松弛，肤色黯淡，而婴儿护肤品中常缺乏抑制氧自由基的成分。用或不用，效果基本上是一样的。

此外，成人用婴儿护肤品也难以吸收。婴儿的皮肤薄而柔嫩，水分充足，很容易吸收护肤品中的营养物质。但成人的皮肤一般都比较厚、粗糙、干燥，要吸收婴儿护肤品中的营养成分则相对困难。

因此，成年人还是慎用、少用儿童或婴儿护肤品为好。此外，成人化妆品的选择也不是长期不变的，要根据自己的皮肤特点、年龄段、季节和环境的变化以及个人护肤的侧重点，适时更换。

自制面膜、护肤品经济又安全？

不少美女喜欢按照互联网或杂志上提供的DIY配方自制面膜。制作材料包罗万象，从常见的黄瓜、牛奶、蜂蜜，到酸奶、白醋、麦片、芦荟、西瓜皮、螺旋藻粉、杏仁干，乃至红酒、阿司匹林，等等，无所不包，无所不有。

自制面膜不但经济、实惠，过程也很有意思。很多小伙伴乐此不疲，甚至认为，反正都原材料大都是纯天然的果蔬，就算没有效果，也不会对皮肤造成伤害。

事实真是如此吗？自制面膜的确十分经济，但未必安全，如果使用不当，很容易刺激皮肤，甚至造成伤害。每个人的体质都不同，过敏源也不一样。比如常作为自制面膜原料的芦荟，有些人用了之后什么问题也没有，但有些人用了却会引起浮肿等现象。

就算对各种果蔬没有过敏反应，也需要慎重。黄瓜、蜂蜜、芦荟、橙汁等纯天然的原料看上去很安全，里面也确实含有能有效改善皮肤的成分。但我们在自制面膜的过程中很难控制这些纯天然物质的浓度，容易过度使用，从而对皮肤造成伤害。

比如橙汁，其含有的果酸成分能够改善肌肤环境。但橙汁中果酸含量较高，一不小心就会造成皮肤红肿灼伤。相对而言，厂家在生产护肤品的过程中，无论是提取有效成分，还是制作，都有一定的标准可遵循。虽然不排除一部分不法厂家有法不依，但这些产品在整体上还是比较安全的。

至于红酒、阿司匹林等原料配成的自制面膜，更需要慎用。从理论上讲，这些原材料在一定程度上能起到改善皮肤微循环、加快皮肤代谢，以及消炎等功效。但由于这些原料本身具有刺激性，很容易导致肌肤过敏。

用珍珠粉来美白，纯属瞎折腾？

珍珠粉是否具有美白的功效，这一话题在近年来又成了人们关注的焦点。几年前，台湾的一位知名化妆师公开宣称，珍珠粉根本不具有美白功效，"用珍珠粉美白还不如拿粉笔涂墙"。2013年，上海的一位著名化妆师再次抛出这一论调，引起了人们极大的关注。

这两位著名化妆师的理由很简单，珍珠粉的主要成分是碳酸钙和蛋白质，而且颗粒太大，根本无法被皮肤吸收。在他们看来，用珍珠粉来美白，纯属瞎折腾。

事实若果真如此，又如何解释珍珠粉多年来畅销不衰的现象呢？要知道，消费者可被蒙蔽一时，但不可能被蒙蔽一世。而且有很多人都证实，他们使用珍珠粉美白，确实取得了不错的成效。

美容专家的研究表明，珍珠粉的物理特性、氨基酸以及一些矿物元素确实具有美白功效。珍珠粉呈鳞片状，可反射和吸收紫外线和部分可见光。将其涂在脸上，可以减少黑色素的生成，减缓皮肤的光老化，从而让皱纹和肌肤损伤大为减少。

珍珠粉中所含的18种氨基酸有7种是人体必需的，其中包括甲硫氨酸。甲硫氨酸对皮肤、毛发、指甲生长和代谢具有重要意义。如果缺乏甲硫氨酸，皮肤屏障功能就会降低，造成皮肤粗糙无光和毛发枯脆等问题。

珍珠粉中的钙等矿物元素则可以让皮肤细胞之间的连接物桥粒更加坚固。缺乏钙会让皮肤脆弱、细胞松散，看上去干燥无光。

不过，近年来兴起的口服珍珠粉的美白方式就令人费解了。目前，没有任何科学证据表明，内服珍珠粉能够美白。而且，珍珠粉在生产过程中可能会因海水污染等问题而残留重金属，对身体健康构成危害。

眼睛太娇贵了，多用点眼霜？

眼部的皮肤极薄，脆弱且敏感，很容易长出皱纹。很多美女看到这些细小的皱纹就会忍不住加大眼霜的用量，以为这样可以阻止皱纹的产生。实际上，这种做法有害无益。不但口袋里的钞票会被擦掉（眼霜都很贵哦），还会增加眼部肌肤的负担，加速衰老，甚至造成脂肪粒等问题。

这是怎么回事呢？原因很简单，就是因为眼部肌肤太薄，过于脆弱。这里的皮肤厚度只有其他部位皮肤的十分之一。用的太多，营养过剩，皮肤无法吸收，就会堵塞毛孔，形成脂肪粒。而且，过量的眼霜也会让眼袋变得更加沉重，加重眼部的细纹。一般情况下，两只眼睛一次用一粒米大小的眼霜就够了。

小伙伴们平时化妆或护肤的时候，还要特别注意一点，不要把面霜或乳液涂在眼霜上面。眼霜和面霜最大的差异在于他们的成分浓度。面霜和乳液的营养分子较大，浓度较高，不容易吸收，涂抹在眼睛周围很容易形成脂肪粒。

另外，大家在选择眼霜的时候最好选择水溶性成分较高的产品。这是因为水溶性成分的眼霜能快速吸收，感觉更舒适、柔软，富有弹性。

蜂蜜自制面膜，去痘又除痕？

蜂蜜是人们公认的好东西。网上的一些小文章介绍说，蜂蜜，尤其是野蜂蜜具有护肤美容、抗菌消炎、促进消化、治疗便秘、提高免疫力、抗疲劳、养肝护肝等功效。如果不仔细看，你可能会认为这说的是仙丹。仔细一看，咦，原来是卖野蜂蜜的。小伙伴们知道什么叫"王婆卖瓜"吗？这就是"王婆卖瓜，自卖自夸"，不可深信。

不过，蜂蜜具有护肤美容之功效是不争的事实。蜂蜜所含的营养物质非常丰富，几乎含有元素周期表中所列的所有微量元素，其中尤以B族维生素和维生素C含量最高。维生素C乃是化妆品不可或缺的重要成分。因此，蜂蜜有较理想的美容效果。

再加上蜂蜜是高浓度的糖溶液，含有葡萄糖过氧化酶。这种物质能与葡萄糖发生反应，产生过氧化氢。一定浓度的过氧化氢，具有杀菌和抑菌作用。因此，用蜂蜜自知面膜是个不错的选择，不但能美白肌肤，还能去痘除疤。

但是，这种物美价廉的产品并不适合所有人使用。因为蜂蜜氧化产生的过氧化氢虽然浓度不高，但是也可能会刺激到敏感的肌肤。另外，蜂蜜中含有微量的天然激素，也不适合敏感性肌肤使用。一旦产生过敏反应，不但无法收到理想的效果，还会让痘痘出现恶化的状况。

所以，蜂蜜虽然是美容的好东西，但使用之前务必先弄清楚自己的肤质。如果无法确定自己属于何种肤质，最好还是对这种物美价廉的产品敬而远之为好。

适合的才是好的，不适合的话，再好的东西也只能属于别人。

吃木瓜能让"飞机场"挺起胸？

这是一个"有沟必火"的时代，连丰胸广告都打出了"做女人挺好"的口号。现实中，有无数的美女都梦想着拥有一对自然挺拔的乳峰。没有的话，就挤挤。不是说，"沟"就像时间，挤挤总会有的吗？

很遗憾，这只是一个玩笑罢了。对那些胸前坦如机场的小伙伴来说，这一方法并不适用。于是，无数人都把希望寄托在了木瓜身上。木瓜具有丰胸的功效，这个连男人都知道。至于效果如何，估计只能以"呵呵"回应了。

很多人以为"木瓜丰胸"的说法来自传统医学。然而，有好事者翻遍了医典，也没有找到相关记载。现在，人们口中所说的"丰胸木瓜"多指番木瓜。传说，番木瓜中含有丰富的木瓜酶和维生素A。这两种成分能刺激女性荷尔蒙分泌，有助丰胸。木瓜酶还可分解蛋白质，促进身体对蛋白质的吸收。

广义的木瓜酶指的是木瓜蛋白酶、木瓜凝乳蛋白酶、淀粉酶等组成的复合酶。蛋白酶的主要功能是分解蛋白质，把蛋白质的大分子粉碎成许多小片段。咱们烧菜用的嫩肉粉，主要成分就是木瓜蛋白酶。这么说来，木瓜还真能让胸部变得嫩滑、丰满起来？

不能！蛋白酶必须和蛋白质直接接触才能产生作用。生木瓜被吃到嘴里之后，木瓜酶顺着食道滑到胃中，在这里就和胃里的蛋白酶发生反应，被分解掉了。也就是说，木瓜蛋白酶进入胃部之后就失去了活性，不可能发挥丰胸的作用了。如果是煮木瓜汤，或用木瓜来做菜，就更不会有效果了。因为木瓜酶一受热就会失去活性。

至于维生素A，它虽然是人体必需的元素，但并没有刺激雌激素分泌的作用，没有任何丰胸效果。

看来，"木瓜丰胸"只是人们的一厢情愿。这种说法的兴起可能源于"以形补形"的古老讹传。木瓜外形丰满，内部多籽，确实很容易让人联想起丰满的胸部。

香薰精油安神、减肥又丰胸？

香薰精油是从薰衣草、玫瑰、迷迭香等芳香植物的花、根、茎、叶中，通过水蒸气蒸馏法、压榨法或其他方法，提取分离出来的液体性挥发性物质，又叫"植物激素"。由于香薰精油具有完全的挥发性，能完全溶于酒精和油，而且渗透性相当好，易被皮肤吸收，近年来在美容市场上颇为流行。

有需求就有市场，有市场就有人生产。现在市面上的精油种类已达200余种，美白、去痘、减肥、丰胸，可谓应有尽有。这些东西真的有作用吗？上海交通大学芳香植物研究法中心的一名工作人员如是说道："使用精油，部分效果肯定是有的。"

中国农业大学的一位教授说得更直接一些，香薰精油有助于安神，但对丰胸没有作用，对减肥的意义也不大。这些标签只是商家夸大其词的宣传而已。而且，即便是安神作用，也是心理作用大于实际效果。

使用香薰精油不过是帮助人们养成良好的习惯，通过控制饮食和增加运动来达到一些显性的效果。无论是减肥、丰胸，还是安神，最根本的改善还在于自身的生活习惯。

换句话说，给你一瓶普通的自来水，告诉你是具有某种神奇功能的精华液，使用一段时间后，其安神、减肥和丰胸效果，基本和香薰精油相同。看到这里，想想你花大价钱买来的各种精油，是不是有点搞笑？

裹保鲜膜运动，减肥效果好？

有时候，聪明人也会干傻事。而且，他们干起傻事来，影响比普通人干的傻事要大得多。打个比方，如果普通人说吃苍蝇可以长生不老，肯定会被人笑死。但要是某位著名的科学家，比如牛顿、爱因斯坦等人，宣称吃苍蝇可以长生不老，并列出一、二、三若干理由来。估计，苍蝇很快就会灭绝！

减肥这事也一样。不知道哪位聪明绝顶之人想出了一个减肥的好办法，健身前用保鲜膜缠裹腰腹、大腿等容易堆积脂肪的部位，持续运动一两个小时，再捂上三四个小时。据说，这样能提高身体局部的温度，加速出汗，刺激脂肪燃烧。

有趣的是，不管看起来多么"二"的主意，总有人去尝试。有人尝试这个方法后宣称："裹上保鲜膜确实又闷又热，很不舒服，但运动完后明显比未包裹的地方出汗多。"

出汗多是不是就表示把脂肪燃烧掉了呢？根本不是这么回事。用保鲜膜裹住身体，因为局部温度增高，脂肪细胞和其他组织细胞的水分很容易被脱掉，所以看上去出汗很多。有时候，用肉眼甚至能看出运动前后的细微差别。可是，这只是脱去了细胞的水分而已，喝水进食后，身体又会恢复原样。

更加糟糕的是，长时间用保鲜膜包裹身体，会使皮肤无法散热而使汗液积存在局部，容易引起汗斑、湿疹、毛囊炎等皮肤病。再加上保鲜膜本身是化学物品，还容易引起皮肤过敏，对身体造成危害。

2013年夏季，武汉就有一个女大学生尝试该减肥方法而患上了皮疹，出现溃烂，并引起了腹股沟淋巴结发炎。广西还有一个女大学生，用保鲜膜把自己裹成了粽子，差点中暑而亡。果真应了那句话——不作死就不会死！

敷柠檬片、喝柠檬汁，瞬间白富美？

美白是一个亘古不变的永恒话题。白对中国人来说，实在太重要了。"白富美"都得以白为首。不然的话，再富、再美也只能与这个光荣的称号擦肩而过了。

为了美白，美女们可谓使尽了浑身解数。近些年来，"柠檬君"忽然变得忙碌起来，只因为它具有美白功效。不可否认，柠檬是一种营养和药用价值都极高的水果。柠檬富含钙、磷、铁、维生素B1、维生素B2、维生素C和果酸等物质。

众所周知，维生素C是不可或缺的美容成分，可以脱去、淡化黑色素，起到美白的效果。果酸也是护肤产品中经常添加的有效成分，可以漂白皮肤。但小伙伴们却忽视了这样一个事实：柠檬的果酸浓度太高了，高到可以把人的皮肤灼伤烧红。

柠檬的果酸含量很高，基本已经达到了中酸的酸度。用柠檬片擦锈蚀的菜刀或铁锅能够除锈，就是这个原因。柠檬中的酸性成分和铁锈产生化学反应，把铁锈去掉了。连铁锈都能腐蚀掉的东西，往脸上贴，不损坏皮肤简直就是奇迹！

此外，柠檬中还含有感光物质，不管是外敷还是口服，其中的感光因子都会和阳光，甚至灯光产生化学反应，增强黑色素细胞的活力，在皮肤表面，尤其是嘴角产生黑斑。敷柠檬片、喝柠檬水，如果方法不当，不但无法变成白富美，还有毁容的危险。

如此说来，柠檬不能用来美白？非也！将柠檬的成分稀释之后，在晚上关灯之后使用，效果还是相当不错的。顺便说一句，如果是外敷的话，最好在20分钟之后用清水冲洗一下脸部。

眼睛和嘴巴四周的皮肤最易衰老？

俗话说"一白遮百丑"！咱们中国人，无论男女，大多都想拥有一脸白皙、细嫩的皮肤，最好是像婴儿一样，一掐就出水。很遗憾，除了少数"天生丽质"之人，大多数人就只能做做梦了。

好在咱们脖子上长得不是西瓜，还是有办法让咱这张整天抛头露面的脸延缓衰老的。众所周知，脸部是人体所有部位中最容易衰老的地方。脸上有鼻子，有眼，哪里最容易衰老呢？过去，人们一般认为，眼睛和嘴巴周围最易衰老，也是皱纹最喜欢爬的地方。

因此，大多数小伙伴在保养的时候都会把抗衰老的焦点集中在这里。什么眼霜、精华液之类的，什么贵，就拿什么往眼角和嘴巴周围招呼！告诉大家一个坏消息和一个坏消息。坏消息是——以前的这种做法都是浪费金钱和精力；好消息是，以后可以省不少钱。

美国一项最新研究报告表明，脸上最容易衰老的部位并不是眼睛和嘴巴周围，而是最容易被人们忽视的前额。专家说，人的脸庞就像一块三维拼图板，脂肪分成小块，分布在前额、眼睛、嘴巴和面颊等处。年轻时，人脸上各个部位的脂肪变化速度基本相同，所以看上去圆润饱满，光彩照人。

随着年龄的增长，面部不同部位的脂肪发生变化的速度出现了差异，就会出现皱纹。有的地方长得快，有的地方长得慢，自然会出现坑坑洼洼的现象。更恐怖的是，观察结果表明，人类从25岁左右开始，脸上就会悄悄爬上首批皱纹。只不过，这时候的皱纹很细、很小，不易被发现。

因为前额部位的脂肪发生变化的速度最快，这里也是最容易衰老的部分。然后是嘴和下巴，最后才是面颊和其他部位。小伙伴们在日常保养的时候之所以容易忽略这里，是因为它大多数时候都被前额的头发盖住了。

小伙伴们，今后保养的时候千万不要再遗漏前额这个重点部位了。不然，怎么对得起这张整天陪着咱抛头露面的脸呢？

寒冷有利于脂肪堆积，冬天易长胖？

一年四季，小伙伴们最喜欢的季节恐怕要数夏季了，尽管这些年的夏季常热得头顶冒烟，胸闷气短。夏天是个好季节！美女们个个穿得花枝招展，把身体的曲线美展现得淋漓尽致，让人大饱眼福。美女们也乐于表演，因为夏天容易瘦，使得她们的小身段看上去更苗条了！

小伙伴们最讨厌的可能是冬季了。大冬天，不但人人都把自己裹得跟粽子似的，还容易发胖。一白遮百丑，一胖可就毁所有了。真是万恶的冬天啊！

其实，细说起来，冬天易胖还真不能怪天冷。人类是恒温动物，体温是相对稳定的。所以不管是炎热的夏天，还是寒冷的冬季，正常体温都在36℃~37℃之间。冬天天气寒冷，身体需要消耗大量的脂肪来维持正常的体温。这跟行驶在坑坑洼洼的路面上的汽车更耗油是一个道理。

这么说来，冬天岂不是减肥的大好季节？谁说不是呢？遗憾的是，冬天一结束，脱掉棉衣，很多小伙伴都会长出小肚腩。这是怎么回事呢？问题出在你自己身上。

由于大量的脂肪被燃烧掉了，身体就需要吃更多的食物，尤其是高热量的食物，来维持机体的正常运转。汽车耗油耗多了，就得加油！这太正常不过了。

所以，人在冬天的时候，胃口通常比夏季好。可是，很多小伙伴吃了，又不愿意运动。外面天冷啊，待在暖暖活活的房间里多舒服。结果，吃进去的食物都堆积在身上，成了脂肪。看见了吧？冬天易胖的真正原因是你自己不愿意动弹。

在冬天这个减肥正当时的季节，该如何减肥呢？东京大学生命科学系的石井直方教授出了两个主意。第一，在能接受的范围内少穿点，有意识地让身体变冷。如此一来，身体为了提高体温，新陈代谢就会加快，烧掉更多脂肪。第二，适度运动，做一些在室内就可以进行的下蹲或仰卧起坐等简单的动作。

柑橘吃多了，皮肤和柑橘一样黄？

秋冬时节，柑橘大量上市，物美价廉，不少小伙伴都会扎堆上街抢购。谁不想花最少的钱，尝个鲜呢？新鲜柑橘含有丰富的维生素C，适当吃点不但能提高机体的免疫力，还能降低患心血管疾病、肥胖症和糖尿病的风险，可谓上乘果品。

既然是上乘果品，为什么还要说适当吃点呢？这是有讲究的！殊不知"只要剂量足，万物皆有毒"，这柑橘吃多了，也会中毒。

近年秋冬季节，总有一些皮肤黄得跟柑橘似的孩子到医院就诊。可是，医生查来查去，又查不出什么毛病，一时难倒了许多名医。这个时候就要回想下近期的饮食状况了，是不是短期内吃了很多柑橘或胡萝卜。

柑橘中不但维生素C含量丰富，还含有大量胡萝卜素。由于个体差异等原因，一部分人如果在短期内大量摄入柑橘或胡萝卜等胡萝卜素含量丰富的果蔬（一般一天超过1千克就可认定为过量了），肝脏不能及时将胡萝卜素代谢转化为维生素A，血液中的胡萝卜素的含量就会骤然升高，从而导致黄色色素沉着在皮肤和组织内，造成皮肤发黄的症状。这个在医学上被称为胡萝卜素血症。

轻微的胡萝卜素血症不会出现不适症状，仅仅是看上去像个柑橘或胡萝卜而已。不过，这对爱美的人士来说，已经够恐怖了。如果严重的话，还会出现恶心、呕吐、四肢无力等症状。

万一不留神变成"柑橘"或"胡萝卜"了，咱们该怎么办呢？别担心！立即停止进食柑橘或胡萝卜等胡萝卜素含量丰富的食物，过一段时间自然就好了。

痔疮膏能治疗黑眼圈和细纹？

有一段时间，痔疮膏十分畅销，不少小伙伴都结伴前往药店购买。难道这么多人同时得了痔疮？非也！美女们买痔疮膏可不是用来治痔疮的，而是用来去除黑眼圈和脸部细纹的。痔疮膏能治疗黑眼圈和脸部细纹？

对。相信你的眼睛，你没有看错。到网上随便搜一下，就能搜出一堆这样的信息。是谁发现了这个奇葩的美容方法呢？看来，咱们身边的勇士还真不少，居然有勇气把痔疮膏往脸上抹。网上甚至有帖子宣称，国外的明星就是这么干的。原来，国外的明星都穷到这个份上了。

还别说，真有人响应这位不知名的勇士的号召，用痔疮膏往脸上招呼。嘿！效果还真不错！有网友反映，她们试了之后，发现痔疮膏对因为缺乏睡眠而形成的淤积型黑眼圈效果明显，收缩细纹的效果也不错。

原来，痔疮膏的油脂成分比较丰富，其中又添加了甘油等价格低廉的保湿剂，而且还含有珍珠粉、麝香、冰片等成分。珍珠粉的美容作用就不说了，大家都知道。麝香可以促进微循环，对缓解黑眼圈确实有效。冰片具有很强的收缩作用，从理论上来讲确实可以平复细纹。从这个角度来讲，用痔疮膏治疗黑眼圈和细纹并不纯粹是传言，是有一定依据的。

只不过，这样得到的效果只是暂时的，而且代价很大。黑眼圈、眼袋等问题的成因比较复杂，痔疮膏只能缓解，而无法根治。要根本祛除黑眼圈和眼袋，还得从养成良好的作息和生活习惯入手。

最重要的是，痔疮膏是一种强收敛剂，能够强效收缩皮肤细胞，刺激性非常大。眼周肌肤是非常娇嫩的，长期使用"强收敛剂"必然会加速皮肤老化。这和反复吹涨气球是一个道理。而且，痔疮膏的刺激性还有可能引起皮肤过敏，损伤眼睛。

塑身袜穿久了会导致血管破裂？

姑娘们都爱苗条，最好苗条得跟"白骨精"似的，风一吹就能飞起来。这也不怪姑娘们，《诗经》第一句话不就是"窈窕淑女，君子好逑"吗？想成为"君子好逑"，你首先就得"窈窕"！苗条则是窈窕的首要条件。

为了"窈窕"，不少胖妹妹没少受罪，也没少为GDP做贡献。别的且不说，这塑身内衣、塑身袜就没少买。商家的广告宣称，这塑身内衣和塑身袜能轻而易举地帮助胖妹妹们在寒冷的冬天里成为一道靓丽的风景线，还能保住温度！

咱们先来看看塑身内衣。内衣是成年女性必不可少的装备，不少胖妹妹都钟情塑身内衣。不过，这种东西并不能减肥，只能暂时借助内衣的物理约束，塑造出一定的身体形状。虽然有的品牌宣称能够燃烧脂肪，帮助减肥什么的，但到底有没有效果，想必大家心知肚明。硬要说能够帮助减肥的话，大概就是它在你吃饭的时候会约束你的腹部，吃不了太多。

至于这塑身袜，看上去和打底裤差不多，但弹性很大。据说，弹性最大的裤袜，穿上之后，腿部能立即显瘦5厘米。实际上，这不过是商家的广告宣传罢了，信不得。中央电视台曾曝光过此事。号称立瘦5厘米的"1080D"的塑身袜，光穿上就得花费5分钟以上的时间，直穿得胖妹妹们手抖脚抖，浑身冒汗。费了这么大劲，效果总该很明显吧！实则不然，穿上后也只是显瘦1～2厘米。

和对健康的危害比起来，这些虚假宣传都不算什么事。由于塑身内衣和塑身袜实在太紧，会压迫内脏，影响血液循环，严重者甚至会导致血管破裂，下肢瘫痪。是不是很恐怖？医生建议胖妹妹们，尽量少穿这种东西，要穿的话一天也别超过8个小时，更不能穿着过夜。

夏天穿黑色衣服比穿白色衣服热？

小伙伴们普遍认为，夏天穿白色衣服最凉快，穿黑色衣服最热。事实果真如此吗？曾有人做过这样一个实验：先在两个小碗里分别倒上等量的热水，温度都在56℃左右，再用两件白色和黑色的衣服分别裹住两碗水，过5分钟后再测水温。

5分钟后，白色衣服裹住的那碗水温度为51.3℃，黑色那边则只有48℃。白色衣服包裹的这碗水竟然比黑色的高出了3.3℃！你的常识遭遇挑战了吧？黑色会吸收所有波长的光线，包括产生热量的红外线，被视为吸热最快的颜色。但有一点却被人们忽视了——它同时也是散热最快的颜色。

所以，在没有阳光的夏季或是在室内，穿黑色衣服是最凉快的。因为这个时候阳光少，黑色不会发挥吸热快的本领，反倒散热快的本领被发挥得淋漓尽致。如此一来，皮肤表面的热量被快速散发，自然就会感觉凉快一些。

如果在太阳下穿黑色衣服，情况就和咱们的常识一致了。由于黑色把阳光里的热量全部吸收了过来，温度急剧升高，自然会感觉热了很多！

那么，有阳光的时候穿白色，没阳光的时候穿黑色不就得了。也并非如此。夏天穿白色或浅色衣服会让人感觉凉快一些，但白色或浅色对紫外线具有很强的反射作用，易伤害皮肤。而红色光波最长，可大量吸收阳光中的紫外线。在阳光强烈的夏季，穿一件红色的衣服能够阻止紫外线，防止皮肤被晒伤。

白头发不能拔，拔一根长10根？

日常生活中，头发经常"躺着中枪"。聪明的人，那叫"绝顶"；喜欢唧唧歪歪但缺乏见识的女性叫"头发长见识短"，不一而足。头发不光"躺着中枪"，有时候还很"纠结"。民间有一种说法，少白头有福；但文学作品中却说"空悲切，白了少年头"。到底是有福呢，还是"空悲切"呢？可真够纠结的啊！

民间还有一种说法，这白头发不能拔，拔一根长10根！头发白了不能拔，染发又有害健康，这是让人家年纪轻轻就做"白头翁"的节奏啊！

其实，白头发拔一根长10根是人们在护发过程中产生的误解。一个人头发多少，在胚胎期就已经决定了。据统计，正常人大约有10万个毛囊。基本上，一个毛囊对应地长一根头发。而且，每根头发都有一定的生长周期。一根脱落了，原地就会重新长出一根来。

随着年龄的增长，毛囊会逐渐减少，头发也会相应地减少。减少到一定程度，就出现了"地方支援中央"的发型。既然头发数量是一定的，拔一根长10根就无从谈起。

至于白发，主要是缺乏黑色素造成的。我们知道，中国人的头发之所以是黑色的，是因为黑色素的原因。黑色素细胞生产黑色素，然后进入头发的角质细胞，使我们的头发看上去呈现黑色。

随着年龄的增长，在发囊根部的色素细胞就会停止或减少制造黑色素。有时候，情绪大起大落，或者工作、学习压力太大，忧思和用脑过度，受到较大的心理刺激等，也会导致黑色素合成机制出现障碍。黑色素没了，头发也就变白了。

话说回来，拔白头发虽然不会让白发越长越多，但却会伤害发根。拔得多了，还可能引起毛囊炎。再多的话，拔成"地方支援中央"发型也是有可能的。

胡子不能早刮，越刮长得越粗？

对中年男人来说，青青的胡茬代表着男人味。不过，对十七八岁的毛头小伙来说，如果一脸青青的胡茬，那就让人纠结了！但这胡子是青春期少年的第二性征之一，每个身体健康的少年都避免不了。

长胡子了，刮吧！然而，民间相传，这个时候的胡子刮不得。为什么呢？据说，这胡子跟韭菜似的，越刮长得越多，长得越粗越硬。既然刮不得，咱就拔呗！医生又说了，胡子拔不得。因为胡子被拔掉后，毛囊会暂时性地开放，细菌会乘虚而入，造成毛囊炎，既影响美观，还能痛得你死去活来，甚至会继发面部及脑部感染。

刮，刮不得；拔，拔不得！真是让人着急啊！其实，刮胡子并不会让胡子越长越粗，更不会越长越多。这纯粹是错觉造成的。刮了的胡子的顶端是截断面，是平的，看上去会比平时粗一些。这就好比，咱们砍掉一棵大树，单看树桩，会觉得它变粗了。

胡子多少是由毛孔多少及毛孔内的组织结构决定的，刮胡子与剪胡子都不会增加毛孔的数量。因而，刮胡子也不会让胡子越长越多。

当然，如果小伙伴们的胡子长得不是很长，尚不足以影响你英俊的相貌，尽量不要去刮。少年的皮肤比较娇嫩，刮胡子的手法又十分笨拙，很容易刮伤皮肤。如果脸上、胡须上或者剃刀上恰巧存在污物，还很容易引起皮肤感染。

实在要刮的话，最好选择在起床20分钟后刮胡子。这是因为刚起床时，经过一夜的休息，生殖机能旺盛，胡子生长也快。经过20分钟到半个小时的消耗，男性体内的雄性激素已没那么旺盛了，胡子的生长速度下降，这时再刮，胡茬也就不会那么快长出来了。

逆向剃须，胡子刮得更干净？

胡子是男性成熟的标志，代表着雄性的阳刚之美。不过，如果不加打理，那就不是美了，而是邋遢。胡子如何打理呢？剃须自然是最重要的。剃须的方法有很多种，大部分小伙伴使用的都是湿剃。原因很简单，湿剃剃得最干净。

不少小伙伴剃须时都会逆着胡须生长的方向剃，即逆向剃须。他们认为这样做可以把胡子剃得更干净。专家认为，这种想法不但是错误的，而且会让皮肤感到不适。

美国一家专门生产剃须刀的厂家如是解释说："剃须时的方向是很重要的：当剃须时顺着毛发方向进行时，剃须刀会贴着皮肤完全去除毛发……如果剃须是逆向的，那么刀片会把毛发带起，使其贴上皮肤，这会让刀片同时剃到毛发和皮肤。这既会损伤表皮，也会让刀片迟钝。"

伦敦传统式男士理发店的员工吉奥·特朗普尔同意这种说法。一直以来，他都建议自己的顾客顺着毛发的方向剃须，"永远不要"逆向剃须，因为这会让毛发逆向，从而对皮肤造成伤害。

剃须时间的选择也十分重要。最好的时机是刚洗完澡，因为蒸汽会使面部皮肤毛孔张开，使胡须变得更加柔软，提高剃须的彻底程度。无论什么时候，都要避免干剃胡须，那会令肌肤有烧灼感，并造成胡须向内生长的状况。就算赶时间，也要用湿热的毛巾敷脸一分钟再剃须。

还有一点非常重要，那就是永远不要在运动前剃须。因为汗水会刺激刚刮过胡子的皮肤，造成敏感或者细菌滋生。

口服胶原蛋白，能护肤、美容？

如今，女孩子都不大吃肉，不是不喜欢，而是不敢吃。为什么呢？吃肉容易长胖啊！什么时候也不能忘了"一胖毁所有"的教训啊！

有意思的是，大多女孩子都喜欢啃猪蹄、鸡爪。肉不敢吃，猪蹄、鸡爪啃起来却没完没了，这是闹哪样呢？原来，猪蹄、鸡爪等食物中富含胶原蛋白。胶原蛋白可是好东西啊，能够美容、护肤。可是，可是……很多小伙伴可能已经发现了，猪蹄和鸡爪吃了不少，皮肤却没什么变化。

难道胶原蛋白不好使？胶原蛋白确实具有一定的亲水保湿作用，但并不是美容的灵丹妙药。它要是真和太上老君炼出来的仙丹一样，吃了一颗就能长生不老，满大街都是小姑娘、小伙子了。

再说，食物中的胶原蛋白属于大分子蛋白质，通过口服进入人体消化系统后，经过消化、分解及蛋白质、糖、脂肪这三大物质的相互转换，最终被代谢、排出，只有极少的一部分能够补充到皮肤中。

既然食补效率低下，那就来点高科技吧！市面上的胶原蛋白类养颜产品不少，什么片剂、冲剂、胶囊，个个宣称自己为高科技产品。据说，此类产品对于改善肤质粗糙、暗淡色斑，保持皮肤弹性等方面，效果立竿见影，而且吸收率特别高，最低也能达到98%。

既然是高科技，价格当然也不低。一些美容院出售的胶原蛋白产品，一套下来差不多上万块。可真够贵的！不过，很多小伙伴不差钱，何况还是为了美容！

实际上，胶原蛋白的提取工艺并不是什么技术难题，根本和高科技沾不上边。这类产品也不像商家宣传得那么神奇。和啃猪蹄、鸡爪比起来，它们的效果或许会好一些，但也仅仅只能起到保水保湿的作用，其他的功能根本达不到。

钻石恒久远，克拉竟是豆荚果？

不知道从什么时候起，钻石成了忠贞爱情的象征。有些姑娘认死理，没有钻石就不嫁给你。估计口袋空空如也的小伙子们恨透了钻石，恨透了克拉，但又敢怒不敢言！

精明的商家也趁机火上浇油，宣称什么"钻石恒久远，一颗永流传"！话说回来了，钻石确实可以永流传，但爱情变不变质，和那块小石头还真没有几分钱的关系。

大多数人都知道，钻石这种昂贵的小石头是以克拉为单位的。但如果要问一克拉等于多少克，又是怎么来的。估计就没有多少人能回答上来了。克拉一词起源于古希腊语。在古希腊语中，克拉指一种角豆树的种子。这种角豆树广泛在地中海东海岸地区，豆荚约15厘米，内有褐色果仁。

有趣的是，这种树无论生长在何处，土壤肥力如何，结出的果仁重量都是一致的。于是，古希腊人就用这种果仁来当作测量贵重物品重量的砝码，每一粒的重量以克拉来表示。

随着古希腊文化在欧洲广泛传播，这个习惯也流传到了其他地方。1907年，国际上商定以克拉为宝石的计量单位。那么，一克拉到底是多少了呢？0.2克。这也太轻了吧。到市场买菜的话，这个重量完全可以忽略不计。

但钻石可不是大白菜，这种小石头本来就很小。重量为0.1～0.24克拉的称为小钻，主要用作服饰或戒指的群镶。重量为0.25～1克拉的称为中钻，主要用作项链、手链和胸针镶嵌。重量大于1克拉的就称为大钻了，主要用来加工钻戒。克拉的次一级单位是分，100分为1克拉；0.1克拉的钻石也就是10分钻。

由于大的钻石十分难得，故在钻石的经济评价中，重量就成了很重要的因素。在通常情况下，钻石的价值与其克拉重量的平方呈正比关系，即：钻石的价格=克拉的平方×克拉的基础价。

看看吧，你知道的那些都是错误的

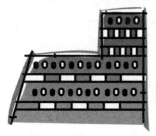

第三章
咱住的不是房，是温馨！

鞋子比较脏，但至少比马桶干净？

一般来说，鞋子都比较脏，尤其是鞋底部分。每天被穿在脚上，"噌噌"跑到这里，又"噌噌"跑到那里，不脏才怪呢！不过，脏归脏，总要比马桶干净一些吧？相信很多小伙伴都有这样的想法。

实际上，完全不是这么回事。美国一项检测显示，马桶最脏的部分（马桶圈）携带的细菌和真菌总数不足1000，而鞋子携带的细菌数量却超过百万。心理学家分析，这主要受思维定式和生活习惯的影响。

正因为大家都觉得马桶很脏，脏到必须经常清理，所以才能保持清洁。而绝大部分小伙伴都认为，鞋子脏是脏了点，但不至于太脏。也正因为如此，鞋子才会成为细菌滋生的温床。

一项社会调查显示，在1176名受访者中，竟有近四分之一的人买了鞋子之后就穿在脚上，从来不洗。就算是比较勤快的小伙伴，洗鞋子大多也是因为鞋面脏了，或者鞋里有异味。而意识到鞋底细菌多，需要洗鞋子的人仅有6.8%。

恐怖的是，如果穿着鞋子进屋，鞋底90%以上的细菌会转移到地板上。这些细菌很可能引起胃、眼睛和肺部感染。对不满2岁的孩子危害尤其大，因为他们喜欢在地板上玩耍。据观测，他们的手和嘴平均每小时最少接触地板80次以上。

现在有什么感想呢？赶紧在门口备一双拖鞋，回家就换鞋，然后用肥皂或洗手液洗洗手。此外，最好坚持每周清洗一次鞋子，特别是鞋底，最好用消毒剂清洗或用消毒抹布擦拭。天气好的时候，不妨把鞋子拿到太阳底下暴晒几个小时。这样做有利于消灭鞋里的有害细菌。

驱蚊神器种种，什么顺手就用什么？

盛夏时节，蚊虫肆虐，小伙伴们无不铆足了劲对付蚊子。遗憾的是，谁也没有办法彻底消灭这些令人讨厌的"小精灵"，更没有办法杜绝被蚊子叮咬。其实，这很容易理解。蚊子叮人就像是咱们吃饭、喝水一样，都是为了生存。叮人的都是母蚊子，因为它们要为孕育后代储蓄能量。如果，它们不叮人，不吸血，很快就会断子绝孙。

话说回来了，蚊子有为生存而叮人的权利，咱们也有为健康而自卫的自由。小伙伴们，只要你有好的方法，不妨尽情发挥吧！小伙伴们对付蚊虫叮咬的方法有很多，蚊帐、蚊香、驱蚊水什么的，已经不值一提了。

咱们来看看风油精、清凉油、绿药膏、花露水等神器。在诸多神器中，哪一个效果最好，最有用呢？估计大多数小伙伴从来没有考虑过这个问题，身边有什么，顺手抓过来用就是了。

其实，这些驱蚊神器的作用不一，消肿止痛、止痒效果也有很大的差异。风油精的主要成分有薄荷脑、樟脑、桉叶油、丁香酚、水杨酸甲酯以及香精等。清凉油的主要成分为樟脑、薄荷油、桉叶油和桂皮等。绿药膏的主要成分则是林可霉素和利多卡因。花露水中含有一种叫"伊默宁"的物质。

被蚊虫叮咬引起痒、痛主要是因为蚊虫释放的毒液导致局部各种炎症介质分泌引起的。通俗一点说，也就是对蚊子的口水过敏。从以上几种驱蚊神器的成分来看，清凉油和风油精所含的有效成分相似，对蚊虫叮咬导致的瘙痒、红肿等症状，具有良好的治疗效果。

绿药膏因为含有抗生素、麻药等成分，所以止疼、止痒效果好，但对抑制局部的非细菌性炎症则显得无能为力。花露水可使蚊虫丧失对人叮咬的意识，只能起到预防作用，而一旦被蚊虫叮咬后就无能为力了。

小伙伴们现在知道该在什么时候用什么样的驱蚊产品了吧！

房间里有异味，空气清新剂来帮忙？

很多小伙伴逛超市时都喜欢顺手买一件空气清新剂回家。现在的清新剂多种多样，有喷雾型的，也有盒装固体型的，但其成分都大同小异，均为乙醚和香精等物质。在家里，尤其是卫生间，放一盒清新剂，空气里马上散发着淡淡的香味，顿时令人神清气爽。

空气清新剂真能净化空气吗？其实，空气清新剂大多是化学合成制剂，并不能净化空气。所谓的"清新"功能其实是通过散发的香味掩盖空气中的异味，混淆人的嗅觉，并不能达到清除异味气体的效果。相反，它们还有可能污染空气。

这和熏香的原理是一样的。只不过，熏香所造成的烟雾污染比较直观，能够通过肉眼看到，所以大部分小伙伴都摒弃了这种做法。而空气清新剂造成的污染是无形的，给人一种安全的错觉，即"眼不见为净"。

实际上，空气清新剂所造成的污染一点也比不熏香少。乙醚、香精物质在空气中分解之后会产生某些污染物，加剧居室的空气污染程度，长期使用会对人体会产生不良刺激。另外，空气清新剂里含有的芳香剂也会对人的神经系统产生危害，甚至刺激孩子的呼吸道黏膜。

说到这里，我们不得不提醒小伙伴们，最好开除空气清新剂的"常住居民"资格。这种东西，能不用最好不用。想让家里保持清新的空气，勤打扫、勤开窗通风才是最好的办法。悲催的是，碰上雾霾天的话，这招就不好用了。

怎么办呢？别着急，农贸市场里有很多天然的"空气清新剂"，如橘子、苹果等。这些含有天然香味的水果不但能兴奋神经系统，让人感到神清气爽，也能达到清新空气的目的。唯一不足的是，为防止水果烂掉，必须一两天更换一次。

油盐酱醋糖放在灶台，方便又快捷？

话说，从前男人找老婆，"下得厨房，出得厅堂"是重要标准。现在这个标准没有变，但已经变成了女人找老公的标准。连流行歌曲都在唱："嫁人就嫁灰太狼，这样的男人是榜样……"

西装革履的高级白领们，做好和瓶瓶罐罐打交道的准备了吗？男人接手这项伟大的工作时间不长，干起活来难免毛手毛脚。比如，有一部分人习惯性地将油盐酱醋糖等调味品长期放置在灶台边上，做菜时随手取用，方便又快捷。

方便倒是方便了，快捷也快捷了，但这种做法却存在很高的健康隐患。为什

看看吧，你知道的那些都是错误的

么这么说呢？咱们炒菜时，灶台周边的温度会急剧升高，尤其在长时间煮制或煲汤的时候，温度会变得更高。而食用油的油脂如果长时间受热的话，很容易发生分解变质。油脂分解出的亚油酸会和空气中的氧发生化学反应，产生诸如醛、酮等一些有毒物质。

往严重的方向说，长期食用这样的油，会出现恶心，呕吐和腹泻等症状。当然，这种情况出现的几率比较小。不过，即便没有出现这些症状，也不代表你放在灶台边的食用油是安全的。受高温的影响，这些油中所含的维生素A，D，E等营养物质都会被氧化，大大降低食用油的营养价值。时间长了，还容易引起肝、肾、皮肤等器官的慢性损害，甚至导致癌症。

还等什么呢？小伙伴们，马上动手给你家的食用油搬个家吧！最好把它放在厨房以外，长期定居在温度较低，又不被阳光直射的阴凉处。麻烦是麻烦了点，但为了老婆大人和孩子的健康，麻烦点又算得了什么呢？

竹炭能吸附甲醛，降低甲醛浓度？

甲醛是一种无色、有强烈刺激性气味的有毒气体。在浓度很低的情况下，即可引起眼红、眼痒、咽喉不适或疼痛、声音嘶哑、喷嚏、胸闷、气喘、皮炎等诸多症状。35%～40%浓度的甲醛溶液就是医院用来处理标本的福尔马林了。想想这一点，小伙伴们就会明白这种气体到底有毒了。

通常，刚刚装修完毕的房子里甲醛浓度都很高。买套房子不容易啊，谁不想早点住进去呢？为了快速消除甲醛，小伙伴们想尽了办法。据说，吸附能力很强的竹炭和一些绿色植物能迅速降低甲醛的浓度。事实上，这也是很多小伙伴正在使用的方法。

那么，用竹炭吸附甲醛到底靠不靠谱呢？竹炭确实有一定的吸附能力，因为这种不定型碳中有很多直径以微米计算的小孔。就像水能渗在沙子里一样，甲醛和其他物质自然也能渗进竹炭的这些孔道里。

但是，竹炭也就这点本事了。它无法将甲醛等有害气体限制在孔道里，就像水会从沙子里蒸发一样，甲醛也可以从竹炭里挥发出来。再说了，竹炭不光能吸附甲醛，也能吸收水分。如果室内湿度较大，它吸附的水分子要比甲醛多得多。最关键的是，它和水分子结合得比甲醛紧密。现在明白了吧！用竹炭吸附甲醛完全是一种心理安慰。

至于绿色植物，吸附甲醛的效果也不会太好。研究表明，吊兰等植物确实可以分解一部分甲醛，但过程非常缓慢。效果最好、最直接的方法乃是开窗通风，是不是很简单，又很经济呢？

在月球上唯一能看到建筑是长城？

万里长城是咱们中华民族引以为傲的伟大瑰宝。据说，站在月球看地球，用肉眼唯一可以看到的人类建筑就是万里长城了。"月球""唯一""肉眼"，这几个关键词确实值得咱们骄傲。

然而，仔细一想就会发现，貌似哪里有点问题。至于哪里有问题，咱们又说不上来。好在，世界上聪明人很多，太空也已不是人类的禁忌之地。咱们来看看，曾经登上月球的美国宇航员阿兰是怎么说的。他说："从月球上你只能看到地球是一个漂亮的球体，大部分白色，间或有蓝色和黄色，偶尔有一些绿色的植被。看不到任何人造的物体。"

"看不到任何人造的物体",这句话说得足够清楚了。万里长城虽然气势磅礴,但依然属于"人造物体"的范畴。这么说来,在月球上用肉眼是看不到长城的。

会不会是这位宇航员的眼神不太好使呢?咱们再来看看美国宇航局约翰逊航天中心地球观测站首席科学家鲁拉是怎么说的。他说,从太空中可以看到很多人造的事物。从近地轨道中看到的大部分是夜晚的城市,白天可以看到的有城市、桥梁、机场和水库。

既然能看到桥梁、水库,想必也能够看到长城吧!不一定。因为长城的颜色、材质与地面背景高度相似,很难分辨。而且,鲁拉所说的观察的位置是近地轨道,而非月球。

那么在月球上到底能否看到长城呢?咱们可以想象一下,从地球上仰头望月,只有盘子大小。地球的体积比月亮大49倍,从月亮上看地球应该有一张圆形双人床那么大。按同样的比例缩小,长城已经细得跟线一样。把一根和床单颜色大致相当的细线放在床上上,能辨认出的几率有多大呢?恐怕不会很高,除非你有孙大圣的火眼金睛。

天太冷,喝两口酒暖暖身子?

在一些武侠电影中,我们经常能看到这样的镜头:数九寒天,大雪纷飞,孤独的英雄顶风冒雪,手提酒葫芦,走两步就仰头喝一口。据说,这样不但能加强英雄人物的悲剧形象,还能御寒。《水浒传》中"林教头风雪山神庙"对此有独到的演绎。

在寒冷的冬季，喝几口小酒，真能御寒吗？小伙伴们可能会说，这还不简单，试验一下不就知道了吗？不用试验，咱们有现成的经验，喜欢喝二两的人不少。据他们的叙述，喝完酒之后确实会感到身上热乎乎的，似乎暖和了不少。

遗憾的是，这只是一种错觉。喝酒之后之所以会感觉身上热乎乎的，有两个方面的原因。其一，酒中的乙醇经过消化道进入血液后，会使人体皮肤的毛细血管扩张，血液循环加快，加速机体的代谢，把体内的热量释放到体表。

其二，乙醇随着血液循环进入中枢神经系统，对中枢神经系统起着麻醉作用，降低了人体对外界环境的感觉能力。对寒冷的感觉降低，体内的热量又加速散发到体表，自然会产生身上热乎乎的错觉。

换句话说，喝酒不但不能御寒，还会使体温迅速下降，使人出现感冒、冻伤等症状。如果不小心喝高了，醉倒在室外的严寒之中，还有可能在热乎乎的错觉中被冻死。尤其需要提醒的是，"饮酒御寒"对老年人更为不利。因为老年人的感觉器官老化，对体温变化本来就不是特别敏感，如果喝酒引起体温中枢调节紊乱，很容易损伤机体的调温功能，继而"摊上大事"。

打死正在吸血的蚊子会感染病毒？

如果发现一只蚊子正趴在身上津津有味地吸血，你会如何处理呢？一巴掌拍死它，还是轻轻将它赶走，继续享受美丽"蚊生"？大概没有多少小伙伴考虑过这个问题。有人在街头进行了随机调查，发现90%以上的人会在这时毫不犹豫地伸手拍死它。

可是，你知道吗？拍死正在吸血的蚊子是件很简单的事情，但这个机械的动作可能会让你面临生死考验。据《新英格兰医学杂志》报道，美国宾夕法尼亚州一名57岁的妇女就因拍死了一只正在吸血的蚊子而引起小孢子虫属真菌感染，最终一命呜呼了。简直是用生命在和蚊子做斗争啊！

当一只蚊子通过二氧化碳或身体散发的其他气味锁定目标后，就会曲折前进，悄悄逼近，然后顺着毛孔，把口器刺入皮肤，开始吸血。针刺进去后，蚊子的唾液管会分泌唾液。这些唾液中有一种具有舒张血管和抗凝血作用的物质，可使血液汇流到被叮咬处，而且不易凝固。"吃"饱之后，蚊子就会潇潇洒洒地离开。整个过程约持续两分钟的时间。

少数蚊子的唾液中会携带病毒。如果叮咬你的蚊子没有携带病毒，被叮后顶多起个包，痒上一段时间，这是被叮咬者对蚊子唾液产生的过敏反应。但如果蚊子的唾液里携带了病毒，打不打死它，都会被感染。幸运的是大部分病菌在蚊子体内代谢时就被干掉了。只有疟疾、黄热病、西尼尔病毒、登革热等少数病毒可以存活下来。

至于那位美国妇女感染的小孢子虫属真菌，根本无法在蚊子的唾液中存活。既然如此，那个倒霉的妇女又怎么会因为打死一只蚊子而送命呢？问题出在蚊子的腿上，而不是嘴上——小孢子虫属真菌多寄生在蚊子或其他昆虫的腿上。虽然这类真菌并不会对一般人构成威胁，但却会令一部分体质特殊的人群感染致死。那个倒霉的美国妇女就属于其中的一员。

如果某人恰巧是这种极其罕见的特殊体质，被蚊子叮咬的地方又有伤口或蚊子叮咬后的伤口没有及时愈合，"啪"一下拍死正在吸血的蚊子，就有可能引起细菌感染。不过，这种可能性与中彩票头奖大致相当。

周末睡个懒觉，让身体好好休息一下？

现在的生活节奏越来越快，不光成年人缺少睡眠，小朋友们也急需"补觉"。于是乎，一到周末或节假日，蒙头大睡、一觉睡他个天昏地暗的人特别多。殊不知，越是赖床越犯困，搞不好还会导致抵抗力下降，诱发头晕、胃痛等多种疾病。

这是怎么回事呢？咱们每个人都有一个生物钟，而赖床会扰乱人体内的生物钟系统，导致植物神经失衡，影响控制身体生理活动的交感和副交感神经的平衡状态，从而造成白天心绪不宁、疲惫不堪，夜晚大脑兴奋、夜不能寐等症状。

长时期的赖床还可能会造成其他健康问题。"赖床"也需要用脑，而消耗大量的氧会导致脑组织出现暂时性的"营养不良"。清晨，卧室空气混浊，空气中含有大量细菌、二氧化碳气体及灰尘等，极易损害呼吸系统，诱发感冒、咽喉炎，还可引起咳嗽等症状，时间长了，还可能损害记忆力和听力。

空腹一个晚上后，身体已出现明显的饥饿感，这时如"赖床"不起，会打乱肠胃活动规律，胃肠黏膜将受到损害，容易诱发胃炎、胃溃疡及消化不良等疾病。此外，睡眠过多还会导致身体发胖。这是因为睡眠时基础代谢降低，多余的热量会随之转变成脂肪，蓄积在体内。

对中学小生来说，一天睡眠时间不宜超过10个小时。就算是放寒暑假了，也要注意合理安排睡眠时间，保持良好的生活规律。至于成年人，一般一天睡7~8个小时为宜，且最好的睡眠时间是从晚上10，11点至次日早6，7点，中午可以适当午休30~60分钟。

中午趴桌子上睡一会，下午精神好？

俗话说得好，"中午不睡，下午崩溃"。办公室白领都有这样的经验，经过一上午高强度的工作，到中午的时候就已经疲惫不堪了。如果中午不小憩一会，下午就浑身疲惫，上下眼皮直打架，分分钟都有可能崩溃。

然而，受条件所限，大部分白领只能伏案而眠。殊不知，这样不但不能有效消除疲劳，反而会对身体造成更大的危害。身体趴在桌子上，全身肌肉不能很好地放松，一直处于紧张状态，会造成肌肉僵化，根本起不到休息的目的。

而且，很多小伙伴伏案而眠一中午，醒来后会出现暂时性的视力模糊。这是因为伏案时，眼球受到压迫，引起角膜变形、弧度发生改变所致。长此以往，视力就会受到损害。

此外，伏案而眠还会对腰、腿和臀部的血管、神经造成压迫，致使经络和血液流通受阻。睡醒之后，这些部位往往会产生酸、胀、麻、木的感觉，时间长了便会引起坐骨神经痛、下肢静脉曲张等疾病。

对正处于发育期间的青少年而言，伏案而眠的危害更大。不恰当的睡眠姿势会引起脊柱变形，不利于身体发育。

那怎么办呢？不睡的话，下午会崩溃，直接影响工作和学习效率。睡了呢，会对身体造成损害。真是让人纠结啊！

其实，没什么纠结的。条件允许的话，可以侧卧在床上或沙发上小憩一会。没有条件，咱可以创造条件，比如把座椅换成躺椅，在办公室放一张行军床，等等。总之，为了健康的身体，稍稍麻烦一些还是值得的。

服用维生素C能够预防感冒？

一到秋冬季节，流行感冒频发，维生素C便供不应求。据说，每天服用维生素C能够预防和治疗感冒。在过去很长一段时间里，医生在治疗感冒等症状时，也确实会给病人开一些富含维生素C的药物。

服用维生素C真的能预防和治疗感冒吗？20世纪70年代，诺贝尔奖获得者、化学家莱纳斯鲍林曾经写了一本名为《维生素C和一般性感冒》的书。书中指出，如果人体缺乏维生素C，极有可能出现牙龈出血、抵抗力下降等症状。

而维生素C能促进免疫蛋白合成，提高机体功能酶的活性，增加淋巴细胞数量及提高中性白细胞的吞噬活力。随后，维生素C能够预防和治疗感冒的观点便深入人心了。

殊不知，这些都是体外研究或者在人体缺乏维生素C的前提下得出的结论。对绝大多数并不缺乏维生素C的健康人来说，维生素C能否预防感冒暂时还没有科学依据。

医学界的最新研究结果表明，维生素C在预防和治疗感冒方面，作用并不大。那些服用维生素C的实验对象患上感冒的几率，并不比服用安慰剂的人低。同时，研究者们也发现，服用维生素C的成年人，患感冒后康复速度比较快，但儿童则无区别。考虑到感冒是一种自限性疾病，维生素C对感冒的作用仅仅只是缩短病程罢了。

另外，长期大剂量地服用维生素C是不可取的。这样很可能会使人体对维生素

C产生依赖，一旦停止用药，就有可能导致维生素C缺乏症。此外，过量服用维生素C，还会增加肾脏的排泄负担，提高患上肾结石的风险。

酒吧里嘈杂的音乐让人酒量大增？

小伙伴们有没有过这样的经历？平日里，二两酒下去，立马"墙走你不走"。但到了背景音乐强烈冲击着听觉的酒吧，和朋友觥筹交错，一杯又一杯，越喝越兴奋，简直千杯不倒。可是，一旦出了酒吧，连墙都不走了——立即倒地不起。

这是怎么回事呢？其实，让你在不知不觉饮酒过量的罪魁祸首正是那强烈的背景音乐。科学家发现，听音乐可以让人喝酒更快、更多。有趣的是，音乐的节奏越快，人们喝酒的速度也越快。

研究人员分析，音乐节奏与音量会对人们饮酒行为产生刺激作用，高分贝音乐会勾起或加剧人们心头的烦恼，于是更可能会借酒浇愁，同时也会影响人们之间的语言交流，必然导致"一切尽在杯中"的结果。

令人惊诧的是，音乐还能削弱酒精的副作用。研究人员认为，饮酒时听音乐，人体所呈现出的酒精副作用会减少。因为当咱们听到音乐时，酒精只会让咱们觉得放松和平静。可是一旦离开了这样的环境，酒精的副作用马上就会呈现出来，而且有变本加厉之势。

这么看来，酒吧或餐厅里播放音乐其实是一个伟大的战略营销。怎么样？下次去酒吧或者参加朋友聚会的时候，当你一杯接一杯地往肚子里灌酒的时候，不妨花上一分钟的时间，找个安静的地方待一小会，冷静地确认一下自己是不是已经喝高了。

养成"好"习惯，起床马上叠被子？

一些小伙伴非常爱干净、爱整洁，一般起床后会马上把床铺收拾得利利索索，被子叠好，床单铺好，枕头放好。在咱们的生活常识中，这是个好习惯。很遗憾，能保持这个好习惯的小伙伴不算太多，尤其是年轻一代。

对后一类小伙伴，我们要说一声恭喜。起床不叠被子，还要恭喜他们？人在睡眠时，新陈代谢依然在继续。人的呼吸作用和分布全身的毛孔会释放多种气体和汗液，并在被窝的高温环境下形成成分复杂的蒸汽。

这种蒸汽的成分到底有多复杂呢？据科学检测，从呼吸道排出的二氧化碳等有害物质多达149种，从皮肤毛孔排出的有毒化学物质更是多达171种。如果再不失时机地放几个"腹中之气"，那就更复杂了。

由于被窝是一个半封闭的环境，各种有害物质都被包裹在被窝里，特别适合细菌和病毒的繁殖。一夜下来，被窝里的细菌、病毒会多达近百亿。是不是很恐怖？

这还是身体健康的人。如果患有感冒、肺炎等传染性疾病，污染会更加严重。尤其是冬天，由于门窗紧闭，通风不良，这些有毒有害物质甚至会充盈整个房间，影响全家的健康。这种影响是潜移默化的，很多时候并不会立即表现出来。

如果起床后立即叠被子，这些有毒有害物质难以挥发，会在被子里不断累积。长此以往，被子不但会产生异味，甚至会让主人患上各种皮肤病。正确的做法是起床后随手将被子翻个面，打开门窗，让被子中的水分，气体自然挥发，然后再叠被子。

闲来抽上一根烟，提神又醒脑？

在烟民的世界里，香烟是一种神奇的存在。饭后一根烟，快活似神仙！工作中遇到困难，思维陷入僵局，或是闲来无事，点上一根，猛吸几口，据说可以提神醒脑，寻找灵感！这些都成为了烟民们为抽烟行为辩解的理由。

抽烟真的能够提神醒脑，帮助人寻找灵感吗？早在1979年，北京的一所学校就针对这个问题展开了一项有趣的实验。专家在桌子上摆放了紫、红、黄、绿、蓝、白等10种颜色的木块，要求实验者在3分钟内按顺序记住。另外，还摆放了5种形状相同的杯子，里面各装上10%的醋、酒等液体，测试实验者的嗅觉。

准备就绪后，专家要求实验者在抽烟前后各进行上述试验，测量血压和脉搏。实验者中既有烟民，也有以前没有抽过烟的人。结果发现，人吸烟后，记忆力和嗅觉灵敏性都比吸烟前明显降低，脉搏加快，血压升高。

香烟中含有大量的尼古丁。它中枢神经系统具有双重作用，既兴奋，又抑制。一般是开始兴奋，尔后又变为抑制。长此以往的话，不但会抑制人的思考能力，还会损害神经系统的功能，影响智力，甚至产生神经衰弱、头痛、失眠、记忆力减退等症状。

另外，烟雾中的一氧化碳也会造成组织缺氧，影响大脑的功能，致使思维迟钝。所以，抽烟根本不能提神醒脑。烟民们之所以这样说，一半是为自己抽烟的习惯辩解，一半是因为无法摆脱尼古丁依赖的无奈。

顺便说一句，烟民之所以会在抽烟后感到疲劳感降低了，这是因为身体对尼古丁产生了依赖，当身体想念这种嗜好时就会感到疲劳。抽了烟，身体得到了邪恶的满足，疲劳感自然会降低。实际上，抽烟会减少身体的用氧量及降低维生素C水平，还会进一步削弱人的精力。

来吧，烟民们，不要再为自己找借口了。为了你和家人的健康，果断把烟戒了吧！

每天梳头100下，有益健康？

咱们中国人多，足足有13亿之多。人多有好处，也有坏处，民间不是说了吗，"人多好干活"。当然，这句谚语还有后半句——"人少好吃饭"。人多了，总结出来的经验也就多。每天梳头100下有益健康，就是大伙在日常生活中总结出来的。《养生论》中就有"春三月，每朝梳头一二百下"的说法。

江湖传言，梳头事小，但坚持下来，对健康却大有裨益。梳头离不开梳子，总不能使用"九阴白骨爪"吧！咱们常见的梳子不外乎木梳、塑料梳、竹梳、角梳、砭石梳和玉梳。塑料梳虽然便宜，但容易与头发摩擦，产生静电，对皮肤和头发的健康不利。其他材质的梳子用起来都不错。

那么梳头到底有什么好处呢？最大的好处是防止脱发，提高肝肾功能。中医认为，"诸病于内，必形于外"。头部是人体内外的通路，是五官和中枢神经所在。经常梳头能疏通血脉，改善头部血液循环，防止脱发。刺激头皮，使其与肝肾相通，让你的气血越来越足，肝肾功能越来越好。此外，梳头还有祛风明目、健脑怡神和消除头痛等功效。

至于梳头养生的效果如何，目前尚无定论。宣称效果神奇的人有之，宣传毫无作用的人亦有之。而且，这种事情也不太容易用简单的交叉实验来验证。

不过有一点是无可置疑的，这种养生护发方式并非放之四海而皆准的真理。油性发质的人就不适合经常梳头。因为这样做会刺激头皮上的皮脂腺，分泌更多的皮脂，让头发油腻、发质变脆。换句话说，在梳头养生之前，你最好先搞清楚自己的发质。

啤酒肚是喝啤酒留下的后遗症？

在追求舌尖快感的时代，已经没有什么能够阻挡吃货前进的脚步了。就算是肚子越来越挺，成为名副其实的"啤酒肚"，也在所不惜！提到啤酒肚，很多吃货都认为与自己无关，因为他不爱喝啤酒。

实际上，啤酒肚并非喝啤酒留下的后遗症。英、法、德等国科学家的一项联合调查显示，喝多少啤酒与人的腰围根本没有关系。好饮啤酒者出现啤酒肚，乃至肥胖的几率，并不比不喝啤酒的人高。常常饮酒（不仅仅是啤酒）的人，腹部肥胖甚至呈下降的趋势。

德国联邦营养医学会的一项研究更有力地证明了这一点。该研究结果表明，"啤酒肚"实际上与男性的遗传基因有关，就像女性肥胖从臀部开始一样，男性的脂肪大部分储存于腹部。

当然，每个人的基因不同，引发"啤酒肚"的原因也不大一样。一般来说，青少年的"啤酒肚"往往是营养过剩造成的；造成中年人"啤酒肚"的主因则是睡眠质量。

随着年龄增长，男性深睡眠阶段减少，由于睡眠质量差，荷尔蒙的分泌会随之减少，荷尔蒙的缺乏使体内脂肪增加，并聚集于腹部。这种趋势会随着年龄的增长而越来越明显。此外，缺乏运动，暴饮暴食等也是造成腹部脂肪囤积的重要原因。

在民间，"啤酒肚"又被称为"将军肚"。很多人认为，这看上去有派头。但这种派头是有风险的。目前已证明有15种以上导致死亡的疾病与腹部肥胖有直接关系，其中包括冠心病、心肌梗塞、脑栓塞、乳腺癌、肝肾衰竭等。是不是很可怕？吃货们，还是少吃点吧，少长点肉，多点健康和潇洒是一件很划算的事情。

睡前两小时吃东西，更容易发胖?

在这个以瘦为美的时代，胖子们倍感压力！对于胖，大部分小伙伴都将其归结于"管不住自己的嘴"。吃货嘛，光想着吃，不胖才怪！咱们的生活常识中也有类似的说法，比如"睡前两小时吃东西，更容易让人发胖"。

睡前两小时吃东西真的会让人更容易胖起来吗？真的没有这回事！美国科学家乌里曼和他的小伙伴卡罗尔的一项调查发现，睡前吃东西并不比其他时间吃东西对体重的影响大。通常来说，身材肥胖的小伙伴们往往管不住自己的嘴。他们不光会在睡前吃东西，在其他时间摄入的热量也比较多。

换句话说，是肥胖导致小伙伴们喜欢在睡前吃东西，而不是睡前吃东西导致了肥胖。这个有点拗口，也不太容易理解。咱们来看看医生们是怎么说的。

小伙伴们都知道，人在睡着之后，新陈代谢会变慢。具体到消化系统，就是

看看吧，你知道的那些都是错误的

消化和吸收都会慢下来。这和醒着的时候，消化快、吸收快是一个道理。

这么一来，睡前吃下去的食物就会堆积在胃里，加重肠胃的负担，让人产生腹胀、腹痛感，继而大量排气。也就是说，睡前吃东西会让人感到不舒服，但并不会因此而变胖。

事实上，吃东西的时间不是关键。真正对体重有影响的是摄入热量的多少，以及有没有坚持进行规律、适度的体育锻炼，等等。这些才是决定体重究竟是减少、增加，还是保持的关键。

睡前小酌几杯，能提高睡眠质量？

不少小伙伴有睡前小酌几杯的习惯，尤其是女性朋友。据说，睡前喝一杯葡萄酒，不但能够美容养颜，还能提高睡眠质量（睡眠本身也有美容养颜的作用），让你一觉睡到大天亮。

喝酒真的能够提高睡眠质量吗？实际上，这样做不但无助于睡眠，而且伤身。从表面上看，喝点小酒确实能让人快速入睡。不过呢，这只是一种假象。医学家们进行了相关的睡眠实验。结果表明，睡前喝酒虽能缩短入睡时间，但使睡眠变浅，浅睡眠时间延长，中途醒转次数也增多，整个睡眠变得断断续续。

可以看出，酒精的作用是先使人昏沉欲睡，表面上似乎对睡眠有益，实际上却可能干扰睡眠。到了下半夜，酒精的作用逐渐消失后，就会引起失眠与多梦，使总的睡眠质量下降。所以睡前喝酒并不能增加总的睡眠时间，反而有可能使睡眠变浅，不利于睡眠。

此外，酒精被分解后产生乙醛，这是一种有害无益的毒素。如果醉酒后即刻入睡，乙醛在体内循环会导致一定程度的脱水。口干舌燥，使人在睡眠中途醒来，此后便会很难入睡。

对酒精的承受力和反应，有个体差异，有些人只需喝一点便可以镇定神经，收安眠之效；但有些人却喝很多才有反应。借酒来医治失眠，只能收一时之效，绝不是长远的办法，如果因此养成嗜酒的习惯，更是得不偿失。

睡眠质量向来不高的小伙伴在上床前4～6小时内最好不要饮酒。当然，睡眠正常的人，用餐时的一杯葡萄酒在体内持续时间不会太长，不一定会对睡眠产生不利影响。这主要和个人体质有关系。

辗转反侧睡不着，数数绵羊和星星？

随着生活节奏越来越快，很多小伙伴都患上了失眠症候群。一走进课堂或办公室就打瞌睡，瞬间进入冬眠状态；一到晚上就"活"了，个个生龙活虎，想睡都睡不着。咋办呢？数绵羊，还是数星星呢？纠结来，纠结去，终于决定了，开始数。一、二、三……等等，数错了，重新来。

数着数着，一看时间，都凌晨了，还是没睡着。真是纠结啊！别纠结了！人家绵羊比你还纠结！睡不着，数星星还可以理解，浪漫不说，数一辈子也数不清。总不能让人家去数月亮吧？

为什么要数绵羊呢？你说世界上这么多动物，小猫、小狗、小刺猬，甚至蚂蚁什么的，哪一样也不比绵羊少啊？睡不着了，什么都不数，偏偏数绵羊，人家得有多纠结啊！

再说了，数来数去睡着了吗？没有！没有就对了。英国牛津大学的一个研究小组就数绵羊到底是否有助入睡进行了深入的研究。他们将50多名失眠症患者平均分成三组，进行对比实验。

第一组患者在入眠前幻想一些平和放松的景象，如秀美的瀑布或者节假日的情景；第二组患者采用传统的"数羊"方法；第三组患者则没有得到任何指导，任自己想象。实验结果表明，第一组研究对象比平常约快20分钟进入睡眠状态，而其他两组研究对象的入睡速度则都要比平常略慢一些。

也就是说，数绵羊这种单调的方式根本无法帮助人们排遣焦虑情绪，安然入睡。那怎么办呢？不妨试试播放一些模拟睡眠时周边环境的音乐，如初夏时节滴滴答答的雨声、田园乡间的雀叫蛙鸣、浪花轻轻拍打水岸的声音、冬日壁炉柴火堆里的噼啪声等。科学研究证明，这些声音有助于人们缓解焦虑的情绪，快速入眠。

也可以每天做做有氧运动，改善睡眠状况，提高睡眠质量。美国西北大学的研究人员对23名55岁以上的失眠者进行了一项跟踪研究。他们发现，坚持运动的人在16周后，睡眠状况全都得到了有效改善。

不过，运动时间最好不要安排在睡前一小时。这些专家还说了，对于自由支配时间较少的人来说，"早晨锻炼一小时比在床上多睡一小时对身体更有益"。

昏昏欲睡，来杯咖啡提神赶瞌睡？

不少小伙伴都有这样的感受，不管晚上多早睡，早上什么时候起床，一到下午就昏昏欲睡，思维迟钝，整个人像是要冬眠了似的。这个时候，不少人往往会站起来，走到饮水机旁，冲杯咖啡，提提神，醒醒脑，赶赶瞌睡。

咖啡是个好东西，既能提神醒脑，又显得时尚有修养。咖啡中含有大量的咖啡因，可直接作用于神经系统，使其处于兴奋状态。从这个意义来讲，咖啡不但是一种饮品，还是一种药品。不过，应当注意的是，咖啡因并不能从根本上缓解疲劳，只是暂时压制了疲劳感。

有一项研究表明，长期饮用含咖啡因的饮料，更容易让人产生疲倦的感觉，进而影响正常的工作和活动。一方面，长期被压制的疲劳感越积越多，一有机会，机体就会迅速进入休息状态；另一方面，长期喝咖啡的人容易对咖啡形成心理依赖，一旦不喝，就会产生疲惫感。这和有烟瘾的人不抽烟就会感到疲惫是一个道理。

也就是说，喝咖啡并不是提神赶瞌睡的好办法。过度饮用不但不能发挥它的功效，反而还会伤及健康。最根本的办法是寻找深层原因，对症下"药"。我们产生瞌睡的原因，除了睡眠不足、作息时间不规律之外，还有可能是因为空气不流通、屋内氧气不足或脾胃虚弱。

所以，当下午"崩溃"的时候，不妨站起来活动一下肢体，打开窗户，呼吸一下新鲜空气或者啃两口苹果。什么，啃苹果也能提神醒脑？是的。苹果具有天然的怡人香气，可舒缓压力、提神醒脑，而苹果中充足的矿物质——硼也能让困倦的大脑快速恢复到清醒状态。

吃得太饱不用怕，松松皮带接着来？

从某种意义上说，咱们博大精深的中国文化就是吃文化。不管什么事，绕不到三圈，肯定能绕到饮食上来。舌尖上的中国，概括得不错，形象，生动！

这并没什么好奇怪的，正好说明咱们中国传统文化在含蓄中透着几分实在。

吃嘛，谁不喜欢呢？面对着一桌子美食，就算吃饱了，还想松松皮带接着来呢！

说到松皮带的习惯，不少小伙伴都会会心一笑。好友聚会，一桌子美味佳肴，不知不觉就吃多了。肚子饱了，眼睛没饱，嘴巴也没饱，怎么办呢？站起来吧，对着众人说一声："不好意思，去趟卫生间。"

是不是借上卫生间之机松皮带去了？吃得太饱松松皮带，无可厚非，这样会让腹部稍稍舒服点。

不过，这可不是什么好习惯。专家解释道，饭后立刻松开腰带，很有可能使腹腔内压力突然下降，消化道的支持作用减弱，致使消化器官和韧带的负荷增大，引起胃下垂。如果长此以往，还可能会患上"胃食管反流病"。

目前，"胃食管反流病"已经成为一种流行病，其发病率呈现快速上升趋势，对白领一族更是青睐有加。如果你平时常感觉胸口有烧灼感、饱餐后常会有胃泛酸等症状，就应该注意了。

皮带不能松，应该怎么办呢？最明智的选择就是控制自己的嘴，别让胃太累。如果不小心吃多了，可稍稍等一会，若感觉腹部仍勒得特别紧，就可以松松皮带了。

这时，舒服的不仅仅是你的胃，还可以减少腰带对腹腔的压力，促进胃肠蠕动，帮助胃内食物顺利排到小肠里。如果条件允许，还可以通过平躺、静坐或慢走等方式来缓解饱胀感，让食物循序渐进地自行消化。

领带系得太紧，容易得青光眼？

现在的服装，一季一个潮流，甚至几天就有一个潮流，更新换代实在太快，弄得不少小伙伴永远赶不上形势。不过大家也不必太在意，穿着嘛，只要合体、舒服就好。这叫"返璞归真"。不过，如果要出席一些比较正式的场合，还是着正装比较好，男士们最好打上领带。

不知道，平时出席正式场合比较多的小伙伴有没有注意到。如果领带系得紧一些，双眼就会肿胀不适，看东西也模糊不清；放松或不系领带时，上述症状就消失了。这是怎么回事呢？德国的医疗部门的一项研究显示，这种现象并不是异常情况，颈部裹得太紧的确会增加患眼病，尤其是青光眼的危险。

系领带会得青光眼？按理说，领带系在脖子上，要得也是得"青光脖"啊！其实这一点也不奇怪。领带系得过紧时，会压迫颈动脉和神经，阻碍人体正常血液流通，造成脑部缺血、缺氧，导致正常营养供给受限，累及视神经和动眼神经，从而出现了眼睛肿胀、看东西模糊等症状。

另一方面，领带过紧也使颈部静脉受压，眼部的静脉血不能顺利回流到心脏，淤积在眼周组织，既影响视力，也会使眼睛肿胀不适。

德国医疗部门的研究人员对40名男性小伙伴的测试表明，系领带3分钟后，大部分人的眼压提高了20%。而把领带解掉之后，眼压就会在几分钟之内恢复正常。

看来，常系领带或领结的小伙伴们要注意了。系领带的时候，不要把领带系得过紧，给脖子留点空间，少受点罪，同时也能保护你的眼睛。

细嚼慢咽有利健康，吃饭越慢越好？

从很小的时候，家长就教育我们，要做到食不言，寝不语。吃饭时细嚼慢咽才有利健康。这是很有道理的。有研究证实，唾液腺在分泌唾液的同时，还会分泌一种腮腺激素。它可以被机体重新吸收进入血液，具有抵抗机体组织老化的作用。而细嚼慢咽则可刺激唾液的分泌，延缓机体衰老。

另外，细嚼慢咽还有助消化，减轻胃肠负担；增加唾液分泌量，在胃部形成一层具有保护作用的蛋白膜，预防胃溃疡；有助于食欲中枢发出正确指令，使人产生饱腹感，避免发胖；降低餐后高血糖、高胆固醇、高血压等症状的风险。

总之，细嚼慢咽好处多多。那么，一顿饭吃多长时间才算是细嚼慢咽呢？一般来说，早餐耗时15~20分钟为宜，中、晚餐耗时30分钟为宜。这是指实实在在咀嚼、吞咽的时间，并不包括吃饭中推杯换盏、聊天的时间。

当然，细嚼慢咽并不代表越慢越好，因为消化食物的消化酶有分泌高峰，一般只有十几分钟。在分泌高峰中消化酶的浓度达到最佳的食物消化点，有利于营养元素的分解吸收。

如果吃了油性较大的食物，受到脂肪的刺激，胆汁会一下子从胆囊排到肠内，集中消化脂肪。但用餐时间过长，胆汁会"分期分批"地进入肠内，如果胆汁数量不够，就无法充分消化脂肪，容易造成脂肪堆积，导致肥胖。

想瘦身别喝汤，营养都在汤汁里？

现在的美女都不愿意喝汤，因为民间一直有"营养都在汤汁里"的说法，喝汤容易发胖。"营养都在汤汁里"的常识正确吗？咱们先看一则新闻报道。

南京有位老先生因中风住院了。子女们特别孝顺，轮流照顾。由于老先生只能吃流质的食物，孩子们便今天鸽子汤、明天甲鱼汤、后天鸡汤，换着花样给老先生喝，补充营养。结果，躺在病床上的老人越喝越瘦，最后竟然造成了营养不良。

孩子们百思不得其解,不是说营养都在汤里吗?老先生顿顿喝汤,怎么反而喝出了营养不良呢?按理说,应该越喝越胖才对呀!难道是老先生的吸收不好?

其实,"营养都在汤汁里"的说法虽有一定的道理,但还是有失偏颇。肉汤里含有大量肌酐、嘌呤物质和含氮物质,所以味道鲜美,能提高食欲,刺激消化液分泌。但若说到营养,汤里的有效成分就比较少了。

据科学测定,炖了两个小时的鸡汤,其中只有少量氨基酸、核苷酸,以及为数不多的矿物质和乳糜微粒。而人体需要的蛋白质等营养成分仍有90%~93%留在肉里,汤里的含量不足总数的10%。至于脂肪、脂溶性维生素、矿物质等营养物质,更是大部分都留在了肉里。

将炖煮的时间延长到6个小时,汤看上去已经很浓了,肉也基本上被炖成了渣渣,但蛋白质的溶出率仍只有6%~15%。其他85%以上的蛋白质仍留在肉渣中。

这些数据说明,"营养都在汤里"的观点是一个误区。这也是那些长期靠喝汤补充营养的人容易造成营养不良的重要原因。害怕喝汤长胖的小伙伴们,想喝就喝吧。和吃肉比起来,喝汤真的不会让你长"肉肉"!

饭后嚼口香糖能健齿,还两粒一块吃?

很多小伙伴喜欢在饭后嚼一嚼口香糖,还两粒一块嚼。如果是姑娘送的,再说一句"你的什么什么",那就嚼得更欢了。说起嚼口香糖的好处,不少小伙伴都口若悬河,滔滔不绝。清新口气,清洁、强健牙齿,时髦,更重要的是方便搞对象。唉,都是广告惹的祸啊!

　看看吧,你知道的那些都是错误的

其实，口香糖根本没有广告宣称的那么神奇。口香糖的基质黏性很强，能除去牙齿表面的食物残渣。咀嚼口香糖的机械刺激又能增加唾液的分泌，冲洗口腔表面，确实可以达到清洁口腔的作用。

反复的咀嚼运动，可以促进面部血液循环，锻炼肌肉，对牙齿颌面的发育有促进作用，对于牙周健康也十分有益。从这个角度来看，饭后嚼一嚼口香糖还真是不错的选择。

不过，喜欢嚼口香糖的小伙伴们也别太得意。任何事情都具有两面性，嚼口香糖自然也不例外。咱们再来看看嚼口香糖的坏处。口香糖中含有糖精、色素、香料、抗氧化剂等物质，它们会在细菌的作用下形成一种高黏性、不溶于水的多糖物质，黏附于牙齿表面，进而形成牙菌斑。如果咀嚼的时间过长，这些物质发酵产酸，还会溶解牙齿表面的矿物质，导致龋齿。

此外，口香糖还含有增塑剂，硫化促进剂等微毒物质。这些东西会在咀嚼口香糖之时被吞咽到肚子里，长期过量食用有害健康。

如果您喜欢在嚼口香糖的时候吹泡泡，危害就更大了。因为吹泡泡过程中不断吐舌、伸舌、习惯用一侧牙齿咀嚼等动作。这样会使颌面部发育不均，造成牙颌畸形。

综合考虑，经常嚼口香糖弊大于利。当然，偶尔嚼嚼口香糖，扮扮酷，搞搞对象，也是一种时尚。不过，专家建议，这个过程最好不要超过15分钟。

喉咙卡鱼刺，吞饭团、喝醋有奇效？

鱼肉营养丰富，味道鲜美，是餐桌上不可或缺的美食。唯一的缺憾是，鱼刺太多，稍不留意就会卡住喉咙。被鱼刺卡住喉咙那叫一个难受啊！"如鲠在喉"的成语就是这么来的。相信很多小伙伴都有类似的经历。

被鱼刺卡住喉咙怎么办呢？小伙伴们可能会说，这还不简单，咱们都是有常识的人。吞一口饭团、馒头片、菜叶，或者喝一口醋，不就可以灭掉喉咙里的鱼刺了？

这个方法真的有用吗？到医院里去看看就知道了。春夏季节，昆明医学院附属第二医院的耳鼻喉科每天都会接诊七八例鱼刺卡喉的病人。医生介绍说，这些人在鱼刺卡喉的第一时间想到的并不是到医院就医，而是使用所谓的"常识"，吞饭团、菜叶、馒头片，或者喝一口醋，来治疗。但结果往往是，鱼刺没有去掉，反而越卡越深。

嚼菜叶、吞饭团或馒头片的目的是把鱼刺带下去。然而，这个方法并不可取。因为饭团、菜叶等物质会挤压鱼刺，使其越卡越深，甚至鲠在食管里。由于鱼刺十分尖锐，很容易损伤食管，引起感染，甚至导致食管穿孔、声带痉挛等症状。

喝醋的目的是让让鱼刺软化。实际上，食醋的酸度根本不够让鱼刺软化的。有人做过这样的实验：把两种不同种类的鱼刺放在食醋中浸泡13个小时，结果根本没有任何变化。而且，喝醋还容易导致被鱼刺划破的地方发炎。

看看吧，你知道的那些都是错误的

医生建议，被鱼刺卡住，最好到医院就诊，千万不要用所谓的"常识"来折磨自己。

喝高了，来杯浓茶就能解酒？

中国的酒文化源远流长、博大精深。外出应酬，推杯换盏，一不小心就喝高了。一旦喝高了，头痛、呕吐、动作失调、反应缓慢等症状也就出现了。据说，这个时候喝杯浓茶就能解酒。

事实真是如此吗？酒中的主要成分酒精进入人体之后，会被转化为乙醛，然后转化为乙酸，最后分解为二氧化碳、水、脂肪等。如果喝下的酒不多，这个处理流程运行良好，人体就不会有太大的反应。

如果在短时间内喝了太多的酒，摄入酒精量过大，超过了这个"流水线"的处理能力，就会有一些中间产物累积下来。多数时候，问题都出现在乙醛转化为乙酸的这一步——体内乙醛含量迅速升高。由于人体对乙醛的反应远比对酒精敏感，于是就出现了面红耳赤、头晕目眩，手脚不听使唤等症状。

若要解酒，就必须加强这条流水线的运行。茶水中含有的物质多达上百种，其中最重要的是咖啡因和茶多酚等抗氧化剂。很遗憾，这些物质并不能促进"酒精代谢流水线"的运行。实际上，不光茶水不行，科学家迄今为止也没有发现能够促进这一过程的物质。

不过，茶水中的咖啡因确实可以给人以刺激，使醉酒者在主观上感觉好一些，甚至产生没有喝高的错觉。如果缺乏自制力，还有可能在不知不觉中喝得更多。但实际上，咖啡因并不能帮助醉酒者恢复运动灵敏性。简单地说，他们自己感觉没醉，但在旁观者看来，却确确实实地喝高了。

吃完饭后马上刷牙能保护牙齿？

不管是白色人种，黄色人种，还是黑色人种，都以拥有一口洁白的牙齿为荣。在这一点上，貌似非洲的小伙伴们更加注意。不知道是因为对比强烈，还是其他原因，黑非洲的小伙伴们，每个人的牙齿都很白。

想要拥有一口洁白的牙齿，就得好好保护。养成饭后漱口、刷牙的好习惯是保护牙齿最有效的方法。不过，许多小伙伴喜欢饭后立即刷牙，这可不是什么好习惯。

小伙伴们都知道，牙冠表面是一层坚硬的牙釉质。咱们平日里所说的一口洁白的牙齿，实际上主要就是针对牙釉质而言的。牙釉质呈乳白色，有光泽，主要由磷酸钙及碳酸钙组成，是人体最坚硬的组织。

然而，再硬的东西也不可能无坚不摧。牙釉质最怕酸性物质，而咱们日常饮食中的大部分蔬菜、水果和饮料中都含有一定量的果酸。当饮料和食物中的酸和牙齿接触时，牙釉质中的钙化组织成分就会变得松软。

如果在这个时候刷牙或者咬食坚硬的东西，就会磨损牙釉质，让牙齿慢慢变薄。一次两次还没什么，怕就怕饭后立即刷牙已经成为"好习惯"。长此以往，牙釉质就可能会被全部磨损，露出黄颜色的牙本质来。

换句话说，饭后立即刷牙不仅达不到保护牙齿的目的，还会使你本来洁白的牙齿变成一口"猪屎黄"。更加严重的是，磨掉的牙釉质是不会恢复的。

饭后不能立即刷牙，那口中的食物残渣怎么清理？这个时候，漱口的重要性就凸显出来了。专家建议，饭后先后温水漱口，在清理食物残渣的同时也能把大部分酸性物质冲掉。一个小时之后再刷牙，将附着在牙缝里的食物残渣刷掉。

打喷嚏的时候应该用手捂住嘴？

喷嚏，每个人都会打，而且不分时间、地点。打喷嚏是受凉感冒、上呼吸道黏膜受到刺激而引起的一种自然反应。医学家研究表明，打喷嚏造成的瞬间空气流速最高可达41.7米/秒，相当于15级台风中心的风力。正因为威力巨大，所以人在打喷嚏时睁不开眼。否则的话，恐怕眼球就要脱落，被喷出几米之外了。

就打喷嚏本身而言，对人体非但没有危害，反而有利。因为打喷嚏造成的高速气流可以对上呼吸道进行彻底"清扫"，把刺激物、致病因素，如烟雾、粉尘、花粉、病原体、有毒化学气体以及鼻腔中的原有病毒都带走，从而减少病原体及有毒物质对人体的危害。

现代社交礼仪告诉咱们，打喷嚏的时候应该用整只手捂住嘴巴。否则，是一种非常不礼貌的行为。其实，不光不礼貌，还有可能会把细菌传染给别人。殊不知，打喷嚏的时候用手捂住嘴对健康极为不利。为什么这么说呢？咱们来专家是怎么说的。

打喷嚏确实是个技术活，而且威力确实不小，打不好，会打出中耳炎、鼻腔出血、颅内出血，甚至闪着腰。据统计，每年因为打喷嚏诱发意外的，全国有数万例！没有想到吧，小小喷嚏会有这么大的威力。

咱们知道，人的咽部与中耳鼓室之间有一个"咽鼓管"。这是维护中耳与外界的压力平衡的重要器官。打喷嚏之时，如果用手捂住嘴，就会使咽部的压力增高，细菌容易由咽鼓管进入中耳鼓室，从而引起化脓性中耳炎等疾病。

不能用手捂嘴，难道要大大咧咧地把喷嚏打出去？专家建议，打喷嚏的时候最好用手帕遮挡一下。实在来不及掏手帕的话，可以用手肘部位遮挡，把细菌喷在衣服上总比喷在手上强一些。当然，这样确实不太雅观。所以，最好还是用手帕遮挡。

左撇子比惯用右手的人聪明？

曾几何时，小伙伴们开始相信左撇子比惯用右手的人更聪明，还搬出了很多生动的事例。左撇子们似乎更加相信这一伟大论断。他们已经在互联网上建立了不少左撇子论坛，形成了一个独特的群体。

我们说左撇子独特，是因为咱们中国的左撇子比较少，占总人口的6%~7%。俗话说"物以稀为贵"，人也一样。正因为左撇子比较少，所以更容易引起人们的关注。一旦他们在某一领域做出成绩，就会被人搬出来，成为左撇子更聪明的铁证。

据说，左撇子善于左右脑并用，所以思维更敏捷。一些神经心理学的研究报告也指出，左撇子在处理困难且复杂的问题时，思考速度确实比惯用右手者为快，在运动方面的反应速度也要快一些。

还有人搬出了许多有趣的事例。比如，在美国200多年的历史中，约有六分之一的时间由左撇子控制着。相对论的提出者爱因斯坦、万有引力定律的发现者牛顿、两次获得诺贝尔奖的波兰科学家居里夫人、美国文学大师马克·吐温、德国文豪歌德等人都是左撇子。这些不凡的天才用左手创造了一个个全新的世界。

如此看来，左撇子确实比惯用右手的人聪明得多！然而，人们却忽略了这样一个事实，惯用右手者所创造的奇迹远比左撇子多，而不同民族中的左撇子在总人口中的占比并不均衡。比如，美国的左撇子占总人口数40%左右。约40%的左撇子，掌控政坛六分之一（约17%）的时间，无论如何也不能说明左撇子更聪明！

美国哈佛大学医学院最近所进行的一项实验也表明，虽然左撇子惯用右脑（空间认识和形象思维能力比较强），在左右脑并用方面具有某种优势，但左撇子和惯用右手者的智商并无太大差距。而且，左撇子的平均收入比惯用右手者低10%左右。另外，他们更容易患精神分裂症和小儿多动症等疾病。

白醋熏房能消毒杀菌，预防感冒？

每年冬春季节，流行感冒盛行之时，人们总是想尽办法来消毒杀菌，或者提高自身的免疫力，以便预防感冒。用白醋熏房间便是民间最流行的偏方之一。关闭门窗，把白醋倒在锅里烧开，让醋酸最大限度地挥发，充斥房间的每一个角落。据说，这样就能消毒杀菌，预防感冒了。

这个偏方到底靠不靠谱呢？咱们知道，醋对人体的好处特别多。所以，即便是再不喜欢吃醋，家里也会备一瓶。食醋里含有醋酸，这种物质确实具有一定的杀菌、抑菌作用。不过，它只对芽孢杆菌、微球菌、荧光假单胞菌、金黄色葡萄球菌等细菌有效，对耐酸性的细菌就没什么效果了。

即便如此，也必须得在醋酸达到一定浓度的时候才会有效。而人们醋熏所用的都是食醋，醋酸浓度很低，根本起不到消毒杀菌的作用。想想冬春季节流感爆发之时，满大街的醋味也没能阻止流感病毒传播，就知道醋熏的方法到底靠不靠谱了。其实，醋熏并不能杀死大多数病毒，它只是一种心理安慰罢了。

更为重要的是，醋熏还有致病的危险。醋熏散发出的酸性气体对呼吸道黏膜有刺激作用。在长时间熏蒸的过程中，会诱发，加重气管炎、肺气肿、哮喘等病人的病情，严重的还会灼伤上呼吸道黏膜。

因此，专家建议，切不可使用醋熏的方法来消毒杀菌，预防感冒。对家庭而言，最经济、安全的办法是经常晾晒衣物和床上用品。

看看吧，你知道的那些都是错误的

第四章
健康，元芳你怎么看？

每个人都有一个唯一的指纹？

对那些踩点上班的小伙伴来说，最悲催的事情莫过于到了办公室门口，明明还有两秒时间，按了指纹，指纹考勤机却发出"请重按手指"的召唤。悲催啊，只能算迟到了。

指纹是表皮上凸起的纹线。在现代人身上，指纹具有唯一性的特点，即每个人的指纹都是不一样的。据说，在全世界70多亿人口中至今还没有发现有两个指纹完全相同的人。更为重要的是，这种特征并不随时间环境的变化而改变。正因为如此，指纹才会被广泛应用于罪犯的识别，特殊证件的制作以及考勤等。

除了这些社会意义，指纹还有很大的生物学意义。它可以增加手掌的摩擦力，使我们更容易捏住细小的东西，比如钢针。

有意思的是，并不是人人都有指纹。美国侦察机构的一份资料记载了20个"无指纹的人"，其中有15人在日本，有5人在美国。在美国的这5个无指纹的人，刚好是一家人，他们的手指皮肤都是光溜溜的，上面一丝纹路都没有。据说这种无指纹的人相当耐寒。

最近，人们在台湾也发现了一个罕见的无指纹家族。在这个三代同堂的家族中，祖父、父亲和子女全都没有指纹。据说，他们虽然没有指纹，但抓拿物件十分方便，触觉也和正常人一样。

小伙伴们一定会觉得，这些人太幸运了。有些逃犯想尽一切办法毁去指纹，都无能为力，没有指纹的话，干起坏事来就方便多了。不过，谁的人生是为犯罪而生的呢？更何况，没有指纹已经给他们的生活带来了诸多不便。除了每次出入境都要为证明身份大费周章，日常生活中还要面对较难抓牢物体和排汗困难等问题。

另外，这是一种极其罕见的基因缺陷。它预示着皮肤和身体的其他部位可能会陆续出现不同毛病。

前列腺炎是男性病，女性没有前列腺？

前列腺疾病是中老年男子的常见病、多发病。一不小心，前列腺（县）就成了高福利的地方，经常"发发盐"（发炎）。说到这个让人糟心的福利，女性朋友们就轻松多了。

为什么这么说呢？在小伙伴们看来，前列腺疾病男性病，和女性无缘。事实果真如此吗？其实，女性也有前列腺。女性前列腺是指类似于前列腺结构的女性尿道周围腺体而言的。这些腺体大多集中于尿道的后上方，大约92%的妇女有这种组织，其中25%左右可能是真正的前列腺。

早在1672年，荷兰解剖学家格拉夫就发现，女性也有类似前列腺的组织，称

看看吧，你知道的那些都是错误的

之为腺性小体或女性"前列腺"。女性"前列腺"组织与男性前列腺相同或相似，功能也差不多。它的功能是产生能使女性性欲增强的黏液浆液性分泌物。分泌这种液体时，产生的快感和刺激男性前列腺所引起的快感是一致的。

既然如此，女性"前列腺"当然也有发生感染、增生、阻塞和尿道狭窄等病变的风险。临床上的所谓女性前列腺病，就是指女性膀胱颈部因前列腺组织或前列腺样组织增生导致膀胱颈部梗阻所引起的，与男性前列腺增生相类似的疾病。所以，也称为女性"前列腺"梗阻，多见于中年以上，尤其是老年妇女。

患者可以出现排尿困难、尿流缓慢变细、尿滴沥、甚至发生急、慢性尿潴留等典型症状，与男性前列腺增生相似。膀胱颈部的梗阻，还容易合并泌尿道的感染，出现尿频、尿急、尿痛和血尿等症状，也可以同时存在阴道炎、阴道滴虫或者霉菌等病原微生物感染。

只有男性才有喉结，女性没有喉结？

大部分小伙伴都认为，喉结是男性的"专利"，和女性无缘。事实真是如此吗？人的喉咙是由11块软骨做支架组成的，其中最主要、最大的一块叫甲状软骨。胎儿在两个月时，喉软骨即开始发育，直到出生后5~6年，每年不断增长。但从五六岁到青春发育期这一时期内喉软骨生长基本停止。不论男女，儿童时期的甲状软骨都一样大。

进入青春期后，男孩雄性激素分泌增加，两侧甲状软骨板的前角上端迅速增大，并向前突出形成喉结，同时喉腔也明显增大，几乎是新生儿的6倍。这样，男性原先清脆的童声就变成了低沉而粗壮的成人声音。

男子的这个性特征是由雄激素睾酮所引起的。正常女性的卵巢虽然也会产生微量的睾酮，但量极少，只有男性的5%左右，所以，一般情况下，女性的喉结并不突出。

不过，也有部分少女的喉结十分突出。据研究，少女喉结突出大致有以下几个方面的原因：

第一，遗传因素。父母辈生长发育的特征如身高、体重、五官，自然也包括喉结大小，都会遗传给下一代。如果父亲的喉结特别突出，那么女儿的喉结也可能较一般女性要突出些。

第二，内分泌失调。女子体内占统治地位的性激素是雌激素，雄激素的含量很少，但如果由于体内病变，如脑垂体肿瘤、卵巢功能减退等，引起内分泌失调，体内雄激素的含量便会增多或相对增多。这个时候，就会出现喉结突出、声音变粗和多毛等男性化的表现。

第三，消瘦。过分消瘦的女子，颈前部的脂肪和肌肉组织不发达，故喉结会显得向前突出。

更年期男女有别，男性没有更年期?

说起更年期，大部分小伙伴都认为这是女性的"专利"，和男性无关。其实，男性也有更年期。女性的更年期的年龄各不相同的，目前约有30%的男性在40～70岁时会经历男性更年期的临床症状，被人们称为"老年男性雄激素部分缺乏"。

用传统医学的观点来看，更年期其实就是体质状态由盛转衰的转折点。一般情况下，男性从30岁左右开始，生殖系统机能便开始退化，雄性激素的分泌逐渐减少。当雄性激素下降到一定程度时，便会出现与女性更年期部分类似的症状。

由于生理上的差异，男性更年期与女性不尽相同，他们不存在绝经等更年期开始的信号，症状也不如女性明显，其症状出现的机率也比女性低。

最明显的变化莫过于皮肤老化的速度了。皮肤老化最早是从脸部的皱纹开始。接着是颈部和手脚的皮肤。这是因为脂肪与弹性组织逐渐减少所致。另外，心脑血管、消化器官、泌尿系统等均会出现明显的衰退征兆。

医学研究还发现，男性的更年期除了与年龄因素有关之外，还与环境污染、吸烟、喝酒、劳累等因素有一定关系。因此，男性更年期的治疗必须要综合考虑多方面的因素，以便彻底消除更年期的症状。

专家建议，男性进入更年期后，一定要保持乐观豁达的心态，多听音乐，少为琐事烦恼。每天要坚持适量运动，多吃富含维生素E的食物，戒烟限酒。如果已有较明显的症状，可适当补充一些雄性激素。

左右两个鼻孔是同时呼吸的吗？

很多小伙伴都不知道，人的两个鼻孔并不是同时呼吸的，而是实行"换岗制"。正常情况下，两个鼻孔以2~3个小时，最长不超过4个小时为一个鼻甲周期，交替呼吸。

医学研究发现，人在情绪波动时，多半用右鼻孔呼吸，而情绪稳定或犯困时，则多依赖左侧鼻孔。闻东西时，用右鼻孔往往会产生较好的印象，而左鼻孔则相反。这是因为左鼻孔具有很强的判断力，辨别气味更准确，能够分辨气味中的细微差别。

小伙伴们还可以通过练习来加强这种"换岗制"。鼻孔交替呼吸的基本做法是：用右拇指压住右鼻孔，用左鼻孔慢慢吸气，持续几秒钟；用无名指压住左鼻孔之后拇指放开右鼻孔，用右鼻孔出气；随后再用右鼻孔吸气。反复进行1~2组。传统医学认为，两个鼻孔交替呼吸，有利于养生。

首先，它能让人精力充沛。在感到精神萎靡、疲惫不堪时，只需几次交替鼻孔呼吸练习，就能很快让身体恢复精力。

其次，它能提高大脑活力。在注意力分散、思维混乱之时，交替鼻孔呼吸能够提高大脑活力。考试或面试前，进行5分钟的交替鼻孔呼吸能够有效激活大脑、让人表现更好。

此外，交替呼吸法还能帮助人们稳定亢奋的情绪，消除沮丧等不良情绪，改善睡眠，调节体内的冷热循环。至于效果如何，小伙伴们不妨试一下。

人类只有男、女两种性别？

在大多数人的印象里，人类似乎只有两种性别，即男和女。当然，在众多网友那里，性别已经被细分为了3种：汉子、女汉子和女人。女汉子只是一种社会属性，而非生物学上的性别。这个词表达了对那些性格和行事风格比较男性化的女性的仰慕之情。我们说仰慕之情，这是有据可查的。2013年夏季的一项调查就显示，女汉子更受男性的欢迎。

话说回来，人类只有男、女两种性别吗？殊不知，科学家比广大网友的想象力还要丰富。早在1993年，美国布朗大学医学教授、基因学家安妮·福斯托·斯特林

看看吧，你知道的那些都是错误的

就指出，人类至少可以分为5种性别，即男性、偏男性、两性人、偏女性、女性。

太震撼了，简直闻所未闻啊！出于伦理和社会风俗原因，人类分为5种性别的说法暂时还无法为大众所接受。但现实生活中确实存在一些性别介于男女两性之间的人，即小伙伴们常说的两性人。在医学上，两性人被称为Ⅲ型雌雄间性。他们身上最明显的特征是拥有男女两套生殖腺，既有睾丸，又有卵巢。

根据染色体的核型，两性人也有男女之分。男性两性人性染色体为XY。他们的外官看起来和普通男性差异不大，但外生殖器却有两套，既有女性特征，也有男性特征，而其性腺一般一侧长着睾丸，另一侧长着卵巢。

女两性人的性染色体为XX，第二性征多表现为女性。她们大部分一侧长着卵巢，另一侧长着睾丸，其输卵管和子宫都发育正常。据统计，她们中约有25％能像男性那样产生精子。

目前，医学界还没有弄清楚两性人的病因。不过，聪明的医生们已经掌握了应对方法。通过手术，他们或她们完全可以使自己变成男性或女性，过上正常人的生活。

大脑使用越多的人就越聪明？

在很多小伙伴的印象里，大脑使用越多的就越聪明。这已经成了被人们广为接受的常识。事实真是如此吗？

人的大脑皮层大约有140亿个神经细胞。有人计算过，人经常运用的脑神经细胞约占10％。且不管这个数据是如何计算出来的，但随着媒体和一些商业广告的宣传，现已广为人知了。

实际上，人脑仅使用了10%的功能这一说法起源于误解，而众多以"记忆增强""大脑开发""潜能利用"等为噱头的商业活动则起了推波助澜的作用。在宣传攻势下，人们也愿意相信，只用了10%的脑细胞就这么聪明了，如果再多用一些，达到20%，30%，甚至100%，那不就成天才了！

殊不知，这些宣称开发大脑潜能的培训、仪器、食品和药品等，其最终目的只有一个——那就是你钱包里的"毛爷爷"！

目前，科学界对人脑的认识还极为有限。科学家推测，这个认知程度可能只有10%。但对大脑的认知程度只有10%，并不意味着大脑只用了10%。何况，最新的科学研究表明，越是聪明的人，解决同样的难题，动用的脑细胞可能越少。

换句话说，聪明与否取决于意识的协调过程，而非参与的神经元的数量。20世纪最伟大的科学家爱因斯坦之所以聪明，可能是因为他和常人相比用了更少的脑细胞，而不是更多。

如果同时调动尽可能多的脑细胞（假设我们有这个能力），结果会比现在更聪明吗？在大多数情况下，正常的大脑只有少量的脑细胞处于活动状态。如果更多的脑细胞同时活动起来，不但不会让人变得更聪明，反而是脑功能异常的表现。比如癫痫病患者发作时，全脑细胞或某脑叶大部分脑细胞就处于高度活跃状态，但患者却会丧失意识，全身痉挛，不仅脑功能失常，其他生理功能也大受影响。

口臭，有异味，谁臭谁知道？

有时候，小伙伴们勾肩搭背地聊天时会被对方强烈的口臭熏到窒息。天呐，这么重的味道，难道他自己就不知道吗？先别忙着嫌弃别人，说不定你的小伙伴

看看吧，你知道的那些都是错误的

和你的感受是一样的。只是和你一样，不好意思说出来罢了。

口臭不同于牙痛。这牙痛不是病，痛起来要人命，真是谁痛谁知道。但口臭就不同了。据调查，口臭是令人最尴尬的问题之一。有意思的是，有口臭的人从来都闻不到自己嘴里的异味！

按理说，这口臭和屁一样，都是人体内产生的气体。既然大家能闻到自己的臭屁，为什么没法知道自己是否有口臭呢？这有两个方面的原因。一方面，口腔后边软腭部分与鼻腔相连，鼻子闻不到口腔后部产生的气味。

另一方面，鼻子具有很强的适应能力。屁从体内排出，犹如昙花一现，只臭那么一小会，鼻子自然能够闻到。然而，口臭却时时刻刻都在散发，鼻子早就闻惯了，麻木了，自然闻不出来。"入芝兰之室，久而不闻其嗅"就是这个道理。

那么，如何知道自己有没有口臭呢？方法其实很简单。将左右两掌合拢并收成封闭的碗状，包住嘴部及鼻头处，然后向聚拢的双掌中呼一口气，就可闻到自己口中的气味了。

有了口臭也不必纠结，注意饮食和日常卫生，很快就能帮你摆脱这个烦恼。首先，早晚刷牙，不要长期使用一种牙膏。其次，少吃零食，多吃蔬菜、水果和清淡易消化的食物，多喝水，保持运动。最后，体质较弱的女性适当补充一些维生素B6和微量元素锌，也能让口气变得清新起来。

指甲上的月牙是健康的晴雨表？

不少小伙伴都认为，指甲上的月牙是人体健康的晴雨表。月牙越多就代表身体越健康。相反，月牙越少，表示精力越差，体质越差，免疫力越弱，也意味着人越容易疲劳。

还有小伙伴根据指甲上月牙的多寡以及颜色深浅给自己看病。别说，还真有人能说得头头是道，仿佛华佗附体一般。

看一看手指甲，数一数月牙，就能知道自己的身体哪里出了问题？真的有这么神奇吗？江苏省中医院的一位医生表示，指甲半月痕的发育受到营养、环境、身体素质等多方面因素的影响，这是无可怀疑的事实。当消化吸收功能欠佳时，半月痕就会模糊、减少，甚至消失。

然而，身体状况虽然会影响指甲上月牙，但却无法根据月牙反推身体状况。在医学上，指甲名为甲板。甲母质这个"制造基地"不停地制造角蛋白细胞，指甲也就不停地生长。甲母质的生长速度不同，一般由中央向两边递减。在角蛋白细胞变成半透明状和变硬的过程中，自然会形成弧形的白色或半透明的交界。如果弧形刚好露出来，就是甲半月，即月牙。

也就是说，月牙不过是甲母质细胞的居留地。有人天生甲母质靠后或指甲生长速度较慢，看不到月牙也是正常的。

通常情况下，大拇指的月牙都比较大。这是因为大拇指使用率高，指甲磨损快，生长速度也快，甲质变成半透明状的时间也就短一些。相反，小指动得最少，生长速度最慢，因此一般甲质未及推出甲上皮外就"老"了，自然不呈现白色月牙。

总之一句话，月牙的多寡、大小受到健康状况的影响，但并不能由此反推身体的健康状况。

看看吧，你知道的那些都是错误的

阑尾是退化的器官，毫无作用？

阑尾位于回肠与盲肠交界处，是一条几厘米长的蚯蚓状突起。长期以来，人们都认为阑尾是人类进化过程的遗留物，是已经退化的器官，对人体健康不起任何作用。有人甚至打趣说，阑尾唯一的作用就是在发炎时帮助外科医生赚一笔小钱。如果碰上黑心医生，也有可能赚一笔大钱。

事实情况真是如此吗？最新研究表明，阑尾并非毫无作用的器官。它最重要的作用是在胎儿和青少年时期的免疫功能。医学家们形象地把盲肠称为免疫抽样区域。免疫细胞在盲肠内接触微生物，从中分辨出哪些是对人体有害的病菌，哪些是有益菌，并且停止对有益菌的攻击。

成年后，人体免疫系统已经学会如何应付肠道内的外来物质，阑尾这一抽样区的作用也就没有那么重要了。不过，这并不意味着它的存在是毫无意义的。

医学家推测，阑尾在人成年后会转变职能，变成有益菌的储藏室。我们知道，人有时候会因为严重腹泻，导致肠内空缺，不管是有益菌还是有害菌，都会所剩无几。这个时候，阑尾就会释放有益菌，使其进入肠道，加快肠功能的恢复。

由于肠道也有自行恢复的机制，就使得阑尾的作用在人成年后显得微不足道了。借用当下的一个网络流行语，它的作用类似备胎，多数情况下是用不到的。当然，最好是用不到。

鉴于阑尾尚具有的这些生理作用，很多医学家已经开始呼吁人们，要善待阑尾，不要动不动就把它切掉。当然，阑尾如果发炎的话，还得痛痛快快地给它一刀。因为并发症的严重性远远大于阑尾存在的好处。

艾滋病会通过蚊虫叮咬的方式传播?

信息时代，流言四起，往往让人无所适从。这不，艾滋病西瓜、艾滋病香蕉，乃至艾滋病针头扎人事件，一出接一出，弄得人心惶惶，连蚊子都跟着躺枪。于是乎，专家们站出来了，一再解释，蚊虫叮咬不会传染艾滋病。

有意思的是，专家不解释的时候，相信蚊子会传染艾滋病的小伙伴还没有多少，但专家一出来辟谣，问题反倒更加严重了。这年头，谁敢相信专家的话啊！专家说往东，你往西；专家说往西，你就往东，一定错不了。

这就有点极端了。被利益左右，没有学术良心的"专家"毕竟是少数。蚊虫叮咬确实不会传染艾滋病。艾滋病的传播途径只有性传播、血传播和母婴传播3条途径，蚊虫叮咬和日常生活接触都不会感染艾滋病。

科学研究证实，艾滋病毒十分脆弱，对光、热等因素十分敏感，也不能在空气、水和食物中存活。只有带病毒的血液或体液从一个人体内直接进入到另一个人体内时，才有造成疾病传播的可能。离开了血液和体液，病毒会很快死亡。将一支刚从艾滋病人身体拔出来的注射器，马上刺入健康人的体内，感染的几率也不会超过0.3%。

蚊子吸血，只是被当作食物，要经过一个消化的过程。生物学家发现，蚊子一旦吸饱血后，会等体内的食物完全消化之后再叮人。而最理想的情况下，艾滋病毒在蚊子体内也只能存活2~3天。此外，蚊子吸血是单向的，吸入后便不会再吐出。人家好不容易弄点食物充饥，哪能随便吐出来呢?

看看吧，你知道的那些都是错误的

那么，蚊子嘴上残留的血液会不会传染艾滋病呢？也不会。首先，这个量微乎其微，仅有0.00004毫升。而蚊子的嘴是暴露在空气中的，残留的血液会很快干涸，将艾滋病毒杀死。科学家推测，就算一名健康的人和一名艾滋病人并排躺在一起，一只蚊子在两者之间反复叮咬（假设这只蚊子可以不停地吸血），至少要2800次以上才会造成感染。

可乐杀精，会降低男性的生育能力？

20世纪50年代，口服避孕药和安全套的使用在南美洲的很多地方尚未普及。由于经济、文化相对落后，当地的人口出生率高得吓人！这个时候，不知道谁想了一个办法——做爱之后用可乐冲洗阴道。据说，这样就可以杀死潜藏在阴道内的精子，起到避孕的作用。

不知道这样做的效果到底如何，因为没有人做过统计，也没办法统计。不过，南美的人口出生率在整个20世纪50年代一直居高不下。更有意思的是，妇科医生几乎全都发了财，因为到妇科治疗阴道炎症的已婚妇女骤然增多。

20世纪80年代，美国哈佛医学院和台北荣民总医院分别就可乐体外杀精的说法进行了实验。结果，人家美国人宣布可乐具有一定的杀精作用，而咱们中国人恰恰得出了相反的结论。

2008年，这两个结果完全相反的实验共同荣获了搞笑诺贝尔奖。这个奖项很能说明问题，即不管可乐是否能够体外杀精，该做法都是毫无意义的。想想也是，任何一家药店或超市都能买到安全套，何必冒险使用可乐呢？

为什么要说"冒险使用"呢？因为在冲洗阴道之前，数量巨大、勇猛顽强的精子可能已经抵达子宫了。而且，可乐的含糖量很高，非常适合细菌繁殖。用这种东西来冲洗阴道，无异于给妇科医生提供赞助。

至于喝可乐杀精的说法，更是毫无根据。有关研究表明，每日饮用咖啡7杯以内，或者喝下1000毫升的可乐，压根不会影响精子的数量、活力以及形态。极少数每天饮用"巨量"可乐的人，其精子数量确实受到了一定的影响，总数下降约30%。

不过，医学家发现，饮用巨量可乐只是他们不健康生活方式的一个方面，他们在饮食、作息等方面还存在着各种各样的问题。也就是说，不健康的生活方式才是影响他们精子质量的根本因素，可能与可乐无关。

"咬舌自尽"真的会要了人的小命？

咱们在武侠电影中经常能看到这样的镜头：某身怀绝技的英雄人物被逼到山穷水尽之时，往往会选择一个比较体面的死法——咬舌自尽。两排牙齿一用力，"啪"一声，舌头落地，鲜血狂喷，头一歪，就死了。

果然不愧是身怀绝技的英雄人物啊！有意思的是，在现实生活中虽然也有一些被咬掉舌头的人，但却鲜有丧命者。不管是东方，还是西方，在古代都有割舌头的刑罚。如果割舌头就等于死亡的话，何不直接判处死刑呢？

湖北省麻城市也曾发生过一起类似的事件。一个小流氓垂涎人家姑娘的美色，上前强吻，不料被彪悍的姑娘咬掉了舌头。小流氓的语言能力受到了很大的影响，但并未丧命。

这太不科学了吧？难道这咬舌自尽也分功力深浅，或者非得自己咬才有效？

看看吧，你知道的那些都是错误的

当然不是。舌头是人体最柔软的部位之一，且分布着丰富的血管。如果齐根咬掉或因某种创伤损失大部分舌头，定然会导致大量出血。武侠电影中那些咬舌自尽之人，一口血能喷几米远，就是这个原因。

更为要命的是，由于伤口位于口腔深处，不易采取止血措施。如果恰巧在前不着村后不着店的荒郊野外，或者医疗条件非常原始的地方，不排除失血过多导致丧命的可能。但这种几率非常之小。

再说了，谁没事咬舌头干嘛呀！那得多痛啊！咱们吃饭的时候，有时候不小心咬到舌头，都痛得不得了。直接咬断的话，天呐，简直不能想象！

好了，该下结论了。其实，"咬舌自尽"只是武侠电影中的艺术夸张，并不会因此而丧命。不过，舌头受损会影响语言能力，完全丧失语言能力也不是没有可能。

不小心吞下口香糖，会引起肠梗塞？

小伙伴们，回想一下，你们童年的时候有没有受过口香糖或泡泡糖的困扰。童年时代，好不容易攒够两毛钱，屁颠屁颠地跑到小卖部买两块口香糖，能嚼整整一天。嚼完了，还舍不得扔掉，恨不能吞到肚子里。

不过，没人敢吞。为什么呢？家长早就告诫咱们说，口香糖不能吞，吞到肚子里会缠住肠子，直到把人缠死（泡泡糖同理）。现在想想，缠住肠子缠到死，大概指的是肠梗塞。不小心吞下口香糖或泡泡糖，真的会引起肠梗塞，甚至导致死亡吗？

根本没有这回事。不妨这样想，咱们中国这么大，人口这么多，嚼口香糖的人也不少，肯定有人不小心吞下过口香糖。现在媒体这么发达，如果真的有人因吞下口香糖而死亡的话，早被报道出来了。

口香糖和泡泡糖的黏性虽强，但在潮湿的环境下并不会粘住任何物质。手上有水的时候，不管怎么捏口香糖，也不会被粘住，就是这个道理。咱们的胃里和肠道里非常潮湿，口香糖根本没有机会粘住肠子。

而且，咱们胃酸酸度很高，大致相当于盐酸，会严重破坏口香糖的性质。在酸的作用下，经过水解，再加上酶的分解作用，口香糖中的一部分物质会被消化掉。当然，它的主要成分，例如聚乙烯和聚醋酸乙烯酯等，咱们的肠胃是无法消受的。毕竟，消化器官再强也是肉做的，不可能消化塑料。

那么，剩下的这些物质的结局会如何？它会顺着消化道，沿十二指肠、小肠、大肠，在人体内展开一段奇妙的旅行，最后抵达终点站——马桶。

梦游的人不能叫醒，否则会猝死？

梦游是一种神秘的现象。几个世纪以来，科学家们一直在探寻其中的奥秘。不过，由于梦游症患者较少，又不易被发现，人们一直没有弄清楚它的发病机制，甚至连梦游者到底处于清醒状态，还是睡着的状态都不知道。

梦游者在梦游时所做的事情让人感到惊诧不已。他们可以安全地爬上陡峭的屋顶；可以计算出平时不会的数学难题；可以演奏自己从未听过的音乐；可以开车、骑马，甚至开飞机。还有少数梦游患者会在梦游时谋杀他人。奇怪的是，他们醒来之后，对所发生的事情却一无所知。

研究发现，梦游症的发生有一定的遗传因素，与精神心理因素也密切相关。

通常，梦游症患者都呈家族聚集性，且儿童居多（多数情况下对孩子没什么不利影响，且会在成年后不治而愈），成年人较为罕见。重大的精神创伤，如意外事故，或者精神紧张、突然改变睡眠环境、过度疲劳，以及服用催眠药物或饮酒等，都会诱发梦游症。

秘鲁东南部有一个名为泰莱镇的小镇。该镇有2000余名居民，大部分都患有梦游症。白天，街上的行人不多，可一到了深夜，街上就人潮涌动，但却异常安静。这是患有梦游症的居民在街上漫无目的地游荡。

民间传言，如果碰到梦游的人，千万不能把他们叫醒。一旦把他们惊醒，就可能发生猝死。真有这么恐怖吗？到目前为止，医学界尚未发现类似的案例。专家认为，把正在梦游的人叫醒，应该和闹钟把正在沉睡的人叫醒差不多，不会产生什么恶劣的后果。

不过，考虑到梦游症患者多为儿童，强行将他们叫醒很可能会使其处于激怒状态，从而出现攻击行为。专家们建议，发现梦游的孩子，还是不干预为好，只要将其领回床上，继续睡觉即可。

身上有汗臭味是因为出汗太多？

很多女性对夏季又爱又恨。夏天到了，气温升高，爱美的女性朋友们终于可以穿上轻薄的夏装，尽情展露妙曼的身姿了。可是，由于女性身高普遍比男性矮，站在拥挤的公交车里，常常"被迫"闻男性腋下的汗臭。真让人让人纠结啊，小心脏都要拧成麻花了！

人体约有300~400万个汗腺，久坐不动的人一天产生的汗液不足2升，但高温、体力运动能使汗液分泌量高达10升。10升啊！差不多小半桶了。如果是干净的水，已经够洗澡用了。对个体而言，腋下、脚掌等部位最容易出汗。因为这些地方的汗腺最发达。每只脚掌上的汗腺多达2.5万个，每天分泌的汗液多达100毫升左右。

汗液是无色无味的透明液体，其中水分占99%，其余的是氯化纳、钾、硫及尿素等。既然汗液本身无色无味，又何来汗臭一说呢？这是因为，皮肤表面的细菌非常喜欢汗液中的尿素、乳酸等成分。它们分解这些物质的时候会产生有臭味的代谢物。也就是说，那些代谢物才是罪魁祸首。

看到没？没事别乱怪汗有臭味，人家是纯洁的！你还应该感谢汗呢！出汗对身体的健康有益，因为体内的代谢物，如胆固醇、尿素等可随汗水排出体外，从而促进新陈代谢。另外，每出汗1克就可带走0.64焦耳的热量，调节人体的温度。

不过，随着空调的普及，即使在盛夏时节，人们也很少出汗了。这可不是什么好事。因为长此以往将使人体的汗腺退化、减少。到时候，一旦遇到高温环境，身上为数不多的汗腺就会开足马力，紧急排汗，以求调节体温。如此一来，就会有大量未经过滤的汗液冒出来。尿素、乳酸等成分多了，自然更容易产生让人厌恶的汗臭味！

夏天快速吃冰激凌会突然头痛？

炎炎夏日，热得连屁股都冒烟的时候，还有什么比打开冰箱门，以神一般的速度拿出冰激凌的感觉更爽呢？来吧，冰爽的时刻到了。不过，小伙伴们最好小心一点，慢慢吃，别吃得太快，否则话，大脑可能被"冻"住。

看看吧，你知道的那些都是错误的

有没有搞错？吃个冰激凌也会把大脑冻住？对，没错。一天中午，何小姐回到家里，打开冰箱，三口两口吃完一根冰激凌，然后就感到头痛，痛得直在地上打滚。

在海口某电信公司做接线员的胡小姐由于在工作中不停接电话，老觉得口干舌燥，平日喜欢小口吃点冰淇淋润喉。但每当她吃冰淇淋稍急一点，头就会触电般得疼痛。

每年因为贪食冰激凌头疼而到医院就诊的人不少，其中大部分都是20岁左右的女性。实际上，这是一种病，医学上称为"冰淇淋头痛症"。快速进食冰冷的冰激凌，头面部肌肉、血管温度骤降，发生收缩，严重的时候还会临时改变血液流向大脑的方向。于是，就产生了发射性头痛。

医生解释说，这种头痛症多发生在天热受到冷刺激的时候，而且特别青睐患有头痛史的人。另外，冰淇淋中含有大量奶制品，而牛奶又是最早被发现可能导致偏头痛的食物之一。

真是太可怕了？万一"冰激凌头痛"反复发作，会不会导致脑残呢？多虑了。"冰淇淋头痛症"是有自限性的，即使不进行治疗也会自行好转。预防也不困难，只要在吃冷饮时放慢进食速度，且不直接吞到口腔后部，就不会出现头痛现象。

万一不小心，触发了"冰淇淋头痛"，可用手反复进行局部按摩，缓解头部血管、肌肉的收缩，减轻疼痛。实在忍不住，可到医院就医，在医生的指导下吃止痛片。

有事没事多喝点水，对身体有好处？

在咱们中国人的生活中，水是一种神奇的存在。喝水排毒，喝水美容，喝水治感冒……水似乎无所不能。有一段时间，民间还盛传某养生专家的理论，每天必须喝8杯水。对身体健康来讲，水不可或缺。

殊不知"只要剂量足，万物皆有毒"这条规则同样适用于水。什么？水也有毒！这不科学，不符合常识啊！2007年，美国加利福尼亚一家电视台举办了一场非常奇葩的比赛——喝水憋尿比赛，获胜者可以得到一台游戏机。果然够奇葩，战斗民族的思维，咱们永远搞不懂。这玩意也能用来比赛。

直播时，一名护士打电话警告主持人这项比赛非常危险，有可能让人中毒丧生。主持人还以为这个护士有病，喝水怎么会喝死人！结果，一名叫杰丽芬的参赛者，还真在几个小时后一命呜呼了。尸检报告明确指出，此人死于水中毒。这下，整个电视台都傻眼了。他们不仅为此付出了1658万美元的赔偿，整个节目组都失业了。

类似的事情在国内也发生过，但没有死人这么严重。长沙的一名孕妇听说喝水可以美容，每天灌下去3升水，4天后就因尿血而进了医院。

通常情况下，人喝进体内的水多半通过尿液和汗液排出体外，体内的水量得到调节，使血液中的盐类等特定化学物质达到平衡。如果短时间内过量饮水，肾脏无法快速将多余的水排出体外，血液就会被稀释，引起盐分过度流失。

同时，水分会被吸收到组织细胞内，使细胞水肿，即水中毒。症状较轻者，

看看吧，你知道的那些都是错误的

可表现为头昏眼花、虚弱无力、心跳加快等，严重时甚至会出现痉挛、意识障碍和昏迷。

最严重的情况会引起脑细胞膨胀，颅压增大，压迫呼吸等重要的调节器官功能区域，导致呼吸停止，最终死亡。

科学实验证明，水对大鼠的半数致死量只有每千克90毫升。当然，不管是大鼠，还是人类，都会遵循本能，不会在短时间内灌进去这么多水的。但对一些特殊人群，如老人和幼儿，由于自控能力较差，通常会在家人的鼓励下大量饮水，从而导致经常性的轻微水中毒。

被水母蜇伤了，用尿来缓解疼痛？

美剧《老友记》中有一个用尿治疗水母蜇伤的经典片段。倒霉的莫尼卡被水母蜇伤了。乔伊突然神灵附体，想到用尿可以解除这种疼痛。可是，莫尼卡没法把身体的某个部位"以那个角度扭曲"，而乔伊又"怯场"，钱德勒便挺身而出，扭转了局面。

咦？尿还有这个功能？咱们中国也有类似的偏方，但不是用来治疗水母蜇伤，而是用来治疗红眼病。不少地方的居民相信，得了红眼病，用自己的晨尿洗眼睛，洗上两三天就能痊愈。看来，这种奇葩的偏方是不分国界的。

水母外形美丽，但只可远观而不可亵玩。许多种类的水母触手上布满了含有刺丝囊的刺细胞，一旦碰到物体，就会飞镖一样射出，将刺丝囊和毒液一起插进物体。可想而知，当裸露的肢体碰到水母触手时，会是什么下场。

幸运的是，对咱们人类来说，大部分水母的蜇伤并不致命，一般顶多造成疼痛和皮疹，严重时会发烧和肌肉痉挛。但如果不幸碰到了澳大利亚的箱式水母或葡萄牙的军舰水母，后果就严重了。

澳大利亚箱式水母是世界上所有海洋蜇人生物中毒性的最强的种类之一，能在数分钟之内致人于死命。一项调查显示，被箱式水母蜇伤者，约有20%的人失去了生命。葡萄牙军舰水母跟箱式水母比起来，只能算是小菜一碟，但也十分危险。

现在知道莫尼卡被水母蜇到后，他和他的小伙伴为什么会如此惊慌了吧！这可是性命攸关之事，能不紧张吗？也许你会说，咱有尿这个利器，还怕什么水母！

别忘了，电视剧中的经典片段大多是不能相信的。科学实验表明，尿、清水、氨水和酒精等不但不能缓解疼痛，还会加剧刺丝囊胞的活动。也就是说，使用这些偏方，不但于事无补，可能还会让原本不怎么厉害的蜇伤变得更加严重！

被水母蜇伤后，应去除那些看得见的刺，如果有可能，去除时要戴上手套。被蜇伤的部位可以大量涂抹食醋，食醋中的醋酸可以抑制皮肤中残存的刺丝囊胞继续分泌毒液。如果一时找不到食醋，也可用海水洗掉刺丝囊胞。最重要的是，必须立即、马上、一刻也不耽误地到医院就诊。

得了近视之后就不会得老花眼？

近视是困扰青少年的一大健康问题。现在，基本上到了初中，教室里两只眼睛的生物就比较少了。有些近视眼的小伙伴为了安慰自己，往往会说："近视眼好，以后不会得老花眼。"

近视眼不会得老花眼吗？咋听起来好真有点道理。一个是近视，一个是远视（老花），一远一近不是刚好抵消，负负得正嘛！遗憾的是，这只是一种美好的幻想。

咱们人类的眼睛有点类似照相机。为了看清不同距离的物体，眼睛需要不停地调节焦距，而眼睛调节焦距是通过调节眼球内晶状体的凸度来完成的。年轻的时候，晶状体有着良好的弹性，调节的幅度也就大一些，可以看清不同距离的物体。

但随着年龄增长，晶状体的弹性逐渐下降，眼睛的肌肉功能也逐渐减退，晶状体调节的范围越变越小，因此就不能看清近处的物体了。这就是远视，也就是咱们常说的老花眼。这种眼睛自身的调节力下降是正常的衰老现象，每个人都无法避免。

不过，年轻时患有近视的人群，老花的度数会相对小一些。近视眼看近的物体能看清楚、看远的物体看不清楚，而老花眼是看近的物体不清楚，看远的和原来一样。没有近视的老人得了老花眼，看远不用戴眼镜，看近才需要。

原有近视眼的人得了老花眼，看远仍要用近视眼镜，看近时就不一定了。因为近视眼和老花眼能够抵消"看近"的这一部分。比如，有人是近视眼600度，老花眼是250度，看近时还需要350度的近视眼镜。如果远视和近视度数刚好抵消，看近的时候就不需要老花镜了。但这并不代表他没得老花眼，只是两者互相抵消罢了。

悲催的是，出现这种互相抵消的几率很小。大部分近视患者得了老花眼之后，都得准备两副眼镜———副近视镜和一副老花镜。

甜食吃的太多，会导致近视？

一提到近视，很多小伙伴都会归罪于不良的用眼习惯。比如躺在床上看书，长时间看电视、玩游戏，等等。不可否认，这些都是导致近视的重要原因，但除此之外还有一个被人们长期忽略的因素——饮食习惯。

什么？饮食也会导致近视，这不科学啊！没什么好奇怪的，吃饭能吃出腹泻、秃头，为什么就吃不出近视呢？医学研究表明，长期过量的食用甜食确实是诱发近视的一个重要因素。

甜食在消化、吸收和代谢的过程中会产生大量的酸性物质。这些酸性物质会和人体中的钙中和，从而造成血糖钙降低，也就是缺钙。缺钙会带来什么问题呢？那就是降低眼球弹力，使眼轴伸长，继而诱发近视。

另外，糖在体内代谢时需要大量维生素B1。如果在短时间内过量摄入糖分，势必会减少体内维生素B1的水平。维生素B1缺乏会使视神经生长发育受影响，从而导致视力的减退。

医学研究还发现，吃硬质的食物过少也是导致近视的原因之一。因为人在咀嚼食物的时候可以促进脸部的肌肉运动，这也包括眼球肌肉运动，从而有效增强眼睛晶状体的调节能力。所以，平时可以适当的吃一些硬质食物，增加咀嚼的机会，也能有效减少患上近视的几率。

所以，家长们一定要帮助孩子们，尤其是已经患上了近视的孩子，调节饮食结构，少吃甜食，适当吃点硬质食物，以便预防和改善近视。

放屁能有效降低患高血压的风险？

俗话说"管天管地，管不了拉屎放屁"！这人有三急，"有屁不放，憋坏心脏"（科学家证实不会憋坏心脏，会憋出胃病）。痰、鼻屎、耳垢、大小便、屁，通常都会让人产生莫名的厌恶之感，但即便是最最温柔、最最小清新的淑女也无法回避这些东西。

屁的量、成分和人们食物的内容、肠内细菌活动状况，以及身体健康状况息息相关。据研究，一个身体健康的成年人在通常情况下，每天放屁5~20次，平均14次左右；总量400~2000毫升，平均500毫升。天呐，把这些屁都收集起来，要不了多久就能装满一个液化气罐了。

构成屁的成分超过400种，其中包括氧气、甲烷、氨、硫化氢、粪臭素、吲哚、脂肪酸、甲硫醇等成分。甲烷等成分是可燃的，我们平时所用的天然气中主要成分就是它。如果收集到足够量的屁，经过提纯，就能用作燃料了。不过，这需要极其强大的心理素质！

据报道，阿根廷开发了一种被称为"牛背背包"的牛屁收集器，可以变废为宝。不过，估计"人背背包"出现的可能性比较小。屁股上插一根管子，搁谁谁也不愿意。但咱也不用过于焦虑，美国趣味科学网报道了，说是放屁能够平稳血压，有效降低患高血压的风险。

研究人员在对实验鼠的观察中发现，排出气体的过程能使血管松弛，有助于实验鼠的血压保持在较低水平上，因此可以预防高血压。同时，他们还发现，实验鼠血管壁上的细胞能自己合成硫化氢，这一过程也能起到降血压的作用。

硫化氢是科学家最新发现的一种气体信号分子，在人体内发挥着重要的生理功能。现在，科学家们正在努力研制促进硫化氢生成的药物，以此作为现有高血压治疗方法的补充。看来，屁真是个宝，不但能烧，还能降血压！

得了便秘不要慌，快找香蕉来帮忙？

现在患有便秘的人越来越多，蹲在厕所里盯着手机傻笑半天，肚子里的"存货"也没有卸下来。便秘了怎么办？小伙伴们可能会说，得了便秘不要慌，快找润肠通便的香蕉君来帮忙。香蕉君可真够忙的，能吃能用，连便秘都得管着。

香蕉真的具有润肠通便的功能吗？咱们来看网友的经验。不少网友表示，他们得了便秘之后，疯狂地吃香蕉。结果，不但没有解决问题，在厕所里盯着手机傻笑的时间却越来越长。这是怎么回事呢？

香蕉含有丰富的膳食纤维，虽然很多部分无法被消化和吸收，但却能增加粪便的容积，促进肠蠕动。香蕉的含糖量较高，水溶性植物纤维的含量也不低，能引起高渗性的胃肠液分泌，从而将水分吸附到固体部分，使粪便变软而易排出。这两句话比较专业，换个通俗点的说法，其实就是润肠通便。

既然如此，为何便秘的网友越吃香蕉便秘越严重呢？我们只能说，理论是一回事，事实又是另外一回事。因为只有熟透的香蕉才有润肠通便的功能，生香蕉的作用则相反。

咱们知道，熟透的香蕉很难保存，一夜之间就坏掉了。而香蕉又是热带水果，咱们中国只有广东、海南等少数地方出产。为了方便保存和运输，必须在香蕉尚未成熟之时就采摘入库，运输到其他各省份销售。

在运输的途中，商家会采用一些特殊手段，把香蕉催熟。这些催熟的香蕉和自然成熟的香蕉区别最大的一点就是，其中含有丰富的鞣酸。鞣酸具有很强的收敛作用，相当于灌肠造影中使用的钡剂，会抑制胃肠液分泌以及肠蠕动。吃了这样的香蕉，自然不能润肠通便了。吃多了还可能会加重便秘。

冬春季节流鼻血，仰头即可止血？

每年冬春季节，有些小伙伴在大街上走着走着就会流鼻血。这是怎么回事呢？这主要是空气过于干燥惹的祸。空气干燥会造成鼻腔毛细血管壁弹性降低，使其变得很脆，再加上剧烈活动等因素导致血压突然升高，血管破裂，就流鼻血了。

鼻子出血后，很多小伙伴都会采取仰头的办法来止血。仔细想想，这个方法好像有点不靠谱。不管是中医，还是西医，都讲究一个对症下药。流鼻血的直接原因是毛细血管破裂，难道仰头就能修复伤口了？这样做顶多也就是让鼻血不流出鼻腔罢了，"水往低处流"嘛！

殊不知，这个方法不但不能止血，还有可能让鼻血"来得更猛烈一些"！因为头部后仰会让头部的血压升高，再次刺激毛细血管。

这个方法还很危险。鼻子出血大多发生在鼻腔前方，如果仰头止血的话，血就会流到鼻腔的后方、口腔、气管甚至肺部，轻则引起气管炎、肺炎，重者可导致气管堵塞、呼吸困难，以致危及生命。

最简单的方法就是用手指压紧出血一侧鼻翼，几分钟后就可止血。如果用棉花或止血海绵塞住鼻孔，再捏住鼻翼，效果更好。也可用浸有冷水或冰水的毛巾敷在前额部、鼻背部等部位，冷刺激可使鼻内毛细血管收缩而止血。

此外，还得特别提醒一下小伙伴们，鼻子出血的原因比较复杂。外伤、鼻腔感染、鼻腔良恶性肿瘤、血液系统疾病、重金属中毒等都可引起鼻出血。如果流鼻血的次数比较频繁，或者不分季节，必须马上到医院就诊，以免贻误病情。

吃一串烤串，等于抽60根香烟？

夏天的晚上，很多小伙伴都喜欢坐在路边摊上，一边喝着冰镇啤酒，一边"撸"串儿。那感觉，用一个字来形容，就是"爽"！用两个字来形容，就是"太爽了"！哦，这是三个字，二加一也无妨。

不过，近些年流传的一些说法让喜欢"撸"串儿的小伙伴们心情很忐忑。什么说法呢？据说，吃一串烤串，等于抽60根香烟。也有的传言说是20根。不管是20根，还是60根，数字都够惊人的！

传言说得有鼻子有眼的，把世界卫生组织都搬出来了，甚至还把武汉等城市全面禁止室外烧烤拿来充当证据。烧烤真有这么可怕吗？实际上，烧烤和香烟里的有害物质有着很大的差异，根本不能互换。

烤串、烤鸡腿等肉食在炭火上熏烤的过程中会产生苯并芘等强致癌物质。长期摄入苯并芘等致癌物质，很有可能引起细胞癌变。食用烧烤对健康有害，主要是从这个角度考虑的。香烟在燃烧时也会产生类似的物质，但量要大得多。

如果单纯以苯并芘来衡量的话，"撸"一串摄入的苯并芘比抽一根香烟略少。而且，香烟对健康的危害还不能单纯地用苯并芘计算。香烟中已知直接危害人体的成分多达20余种，包括多种多环芳烃、亚硝胺、酚类、挥发性的醛类和酮类。把这些物质考虑在内，香烟对健康的危害远远大于烧烤。

当然，这并不是说"撸"串不会对健康产生危害。从健康的角度来看，这完全是垃圾食品。更何况，烧烤对PM2.5的贡献也不小。但完全远离它们，似乎并不

看看吧，你知道的那些都是错误的

现实。怎么说呢？偶尔"撸"几串并不会对身体产生太大的负面影响。

用吸管喝饮料，降低患蛀牙的几率？

很多小伙伴都喜欢喝碳酸饮料，尤其是小朋友。碳酸饮料口感不错，里面还含有大量的二氧化碳。喝下去之后，二氧化碳从鼻孔、嘴巴往外冒，可以促进体内热气的排放，使人产生清凉爽快的感觉。

不过，需要注意的是，碳酸饮料不但会增加肥胖的风险，还会损害牙齿表面的保护层——牙釉质。牙齿钙质与饮料中的酸性物质发生化学反应，造成钙质丢失，牙齿龋坏的几率就会增加。特别是一些处于换牙期的孩子，刚长出来的恒牙还不是十分坚固，如果经常遭受碳酸饮料的侵蚀，很容易有蛀牙。

咋办呢？难道让孩子彻底和碳酸饮料说拜拜。没有这个必要。如果在饮用碳酸饮料时正确地放置吸管的位置，就可以有效降低蛀牙的几率，保护牙齿健康。不知道小伙伴们注意到没有，大部分人喝碳酸饮料时，都不用吸管，而是将饮料瓶直接对着嘴"吹"。

牙科专家表示，这种饮用方式很不健康。此时，嘴巴就像一个装满碳酸饮料的池子，而牙齿则完全"浸泡"在酸性物质中，很容易导致蛀牙。如果把吸管放在门牙前部饮用碳酸饮料，也容易导致门牙附近的牙齿成蛀牙。

正确的方法是，把吸管放置在牙齿的后面。这样就可以在享受碳酸饮料的同时，减少患蛀牙的几率，保护牙齿了。因为吸管放置在门牙后，直接指向食道，可限制导致蛀牙的酸性物质与牙齿接触。

当然，就算用吸管喝，口腔和牙齿还是会接触到一些碳酸液体的。所以，喝完碳酸饮料后，最好用清水漱漱口，把残留的饮料冲洗干净。

数九严寒，用热水烫脚对身体好？

民间谚语有"养树需护根，养人需护脚"的说法。数九严寒，用热水烫烫脚，不但可以促进脚部的血液循环，降低局部肌张力，而且对消除疲劳、改善睡眠均大有裨益。

很多小伙伴认为，烫脚的水越热越好，只要你的脚能"吃"得住。真是这样吗？其实不然。民间虽把泡脚称为烫脚，但这个"烫"也是有限度的，水温以不超过40℃为宜。为什么呢？

一方面，水温太高，双脚的血管容易过度扩张，使血液更多地流向下肢，从而引起心、脑、肾脏等重要器官供血不足。对本来就患有心脑血管疾病的小伙伴来说，这无异于雪上加霜。

另一方面，过高的水温还会破坏足部皮肤表面的皮脂膜，使角质层变得脆弱而干燥。冬季的气候本来就比较干燥，这样很容易造成脚部皲裂。

烫脚的时间也不宜过长，一般以15~30分钟为宜。时间太短的话，达不到烫脚的效果；时间太长容易增加心脏的负担。因为在烫脚的过程中，随着血液循环加快，心率也会比平时快一些。

此外，饭后半个小时之内也不宜烫脚。这个时候，人体内大部分血液都流向消化道，参与消化过程。如果这个时候烫脚的话，会使得本该流向消化系统的血液转而流向下肢。久而之久，便会影响消化吸收而导致营养缺乏症，甚至引起肠胃疾病。最好饭后两个小时左右，临睡之前烫脚，烫完脚马上上床睡觉。

看看吧，你知道的那些都是错误的

感冒不要紧，喝姜汤、捂捂汗就好了？

咱们身边有很多神奇的偏方，有些还带有"妈妈的味道"。不小心感冒了，妈妈着急得不得了，又是给你盖被子，又是熬姜汤，非得给你折腾得满头大汗不可。嘿，还别说，喝了姜汤，捂了汗，身体还真舒服多了。

如此看来，喝喝姜汤、捂捂汗，还真能治疗感冒。事实真是如此吗？咱们先看看感冒是怎么回事。常见的感冒分为流行性感冒和普通感冒（俗称伤风），两者皆是由病毒引起的。前者是由流感病毒引起的，后者是由鼻病毒、冠状病毒及副流感病毒等引起。

患感冒后，人们会感到很疲倦。这是因为身体正在超速运转，试图把体内的病毒悉数干掉。而不停地打喷嚏、咳嗽、流鼻涕和发高烧则可以帮助身体把病毒逐出体外，降低病毒的破坏力。当身体的免疫系统彻底战胜了病毒，感冒也就好了。所以，一般单纯性的感冒，即便不加干预，也会自愈。

那么，喝姜汤和捂汗能不能治疗感冒呢？这样做并不一定能够减轻病情，还有可能对身体造成更大的伤害。因为病人出汗过多时，极易脱水，很可能会因电解质失衡而加重病情或引起并发症。

至于出汗之后，身体感到舒服了，这是因为姜汤和捂汗可以缓解因感冒而引起的畏寒等症状。不过，也仅仅只是缓解，要战胜感冒病毒，还得依靠自身的免疫系统。因此，专家建议，对感冒这样的疾病，还得以预防为主，平时注意膳食均衡，多参加体育运动，增强抵抗力。

万一不小心患了感冒，也别捂汗。身体强健者不妨多喝水，注意休息，感冒自然而然会好的。至于婴幼儿、老年人及体弱者，为防止诱发或加重某些疾病，还是赶紧到医院就医，合理用药为好。

6楼，扶梯是较快的，因为无须等待。7楼到9楼的话，碰上电梯到达及时或电梯没人，电梯和直梯的速度差不多。10楼以上的话，则直梯较快，胜率达75%。

小伙伴们是不是觉得自己很有先见之明呢？省省吧，咱们的很多商场在设计上简直让人无语。乘坐直梯，人太多，根本挤不上去。好不容易挤上去了，自己要去的楼层还不停。乘坐扶梯，每层都不在固定的地方，光是找扶梯绕来绕去，就能把人绕晕了。

难怪有人感叹说："逛商场坐扶梯就是件考验智商的事情，上了一层找不到下一个扶梯在哪儿。"

殊不知，此乃商场有意为之。扶梯不连接，就能让顾客在各层停留的时间长一些　　　　　　品接触的时间，从而促进销售。果然是"南京到北京，买的没有卖

膝盖不弯曲，　　　　　　来？

网络上流传着各种各样　　　　　　这些冷知识有真有假，需要自己认真辨别，但总体来说都比较有意思，　　　　吸引众多小伙伴争相追捧。比如，有一个观点说，人不弯曲膝盖，绝对跳不起来。

看上去很有意思，而且很容易验证。这不，北京的一位大学生网友就此进行了多次实验。这位网友声称，在绷直膝盖的情况下，身体略微前倾，把重心落到脚掌前部。然后，脚掌突然发力，还是能够跳起来的，只是高度非常有限。

咦？难道这条冷知识是错误的。NO！这条冷知识没错，而是这位网友的实验出了问题。膝盖不弯曲，身体确实跳不起来。他说跳起来的高度非常有限，说明

膝盖弯曲的角度很小，连他自己都没有觉察罢了。

其实，初中物理的知识就能帮我们解开这个谜题。物体受力而进入运动状态一定要有一个作用力。如果我们要从地面上跳起来，就一定要使地面对我们先有一个作用力。但地面是不会动的，不可能把我们往上托。

根据力的相互作用，这时就需要我们先对地面施力。我们弯曲膝盖，下蹲，就是为了调整腿部肌肉，从而使它可以对地面施加作用力。但地面对我们会同时产生一个方向相反的反作用力。我们借助这个反作用力就可以跳起来了。如果不微微蹲下，就无法跳起来。

当然，不排除有天赋异禀之人能在不弯曲膝盖的情况下单独使用踝关节对地面施力。遇到的这样人，也能微微跳起来，但高度绝对非常有限。

篮球赛场上没有1，2，3号球衣?

篮球赛场上没有1，2，3号球衣，这对铁杆球迷来说并不是什么奇怪的是事情。不过，大多数对篮球运动一知半解的小伙伴可能就会感到震惊了！运动员的球衣号码不应该是从1号开始的吗？为什么篮球赛场上没有1，2，3号球衣呢？

篮球赛场上确实没有1，2，3这几个号码，而是从4号到15号顺序排列的。这主要是因为裁判员的原因造成的。在体育比赛中，裁判员是执法者，说一不二，所有人都必须尊重，并服从他的判罚。

如此说来，篮球赛场上没有1，2，3号球衣是因为裁判员的偏见。事实并非如此。咱们知道，篮球裁判员是通过手势动作在球场上进行判罚的。比赛中，裁判员的手势必须清楚明确地向记录台、运动员、教练员及观众表示是哪名运动员违反了规定，并如何实施判罚等情况。

　　篮球比赛的规则规定，运动员在比赛中的得分分别为1，2，3分不等，同时在针对犯规和违例的判罚上，又经常会用到1，2，3这三个数字，如罚球得1分、罚球得2分、追加罚球得3分、3秒违例，等等。因此，为不使这些手势与运动员的号码相混淆，也就将运动员的号码省略了1，2，3号。

　　不过，在美国NBA篮球联赛中，运动员球衣号码却与国际篮球联盟规定的不同，独树一帜。NBA规定，运动员的号码并不按顺序依次排列，而且也允许1，2，3这三个号码出现。历史上著名的1号有阿奇巴尔德、罗宾逊等，著名的2号有奥尔巴赫等人。使用3号的著名球员很多，包括弗朗西斯、马布里、韦德，等等。

一个羽毛球只能有16根羽毛?

　　羽毛球是一项喜闻乐见的大众运动。周末的时候，到体育中心一看，嗬，打羽毛球的人还真不少。再仔细一看，大多数爱好者都是图个乐子，打球的装备、场地、姿势，没一样讲究的。

　　这样也不错！大众运动嘛，能找个乐子，锻炼身体就好了，难道还指望我们这些业余爱好者到奥运会上拿他十个八个金牌，为国争光不成？

　　如果问咱们这些业余爱好者，一个羽毛球由多少根羽毛组成，估计能答上来的人不多。这个问题虽然不算专业，但很容易被忽视。答案是16根，而最好的羽毛要坚硬、挺直、耐打的鹅翎。

　　鸡、鸭翎不如鹅翎质量好。因为它们的翎管细、管壁薄，常常会出现弯曲现象。挑选羽毛时，羽毛越白越好（专门染色的除外）。羽毛长度要在60～70毫米之间，要长短一致，间隔均匀，毛翎要粗细相同，不可有倒毛、断梗、虫蛀等毛病，否则球打出去会不走正路。

品质较好的比赛用球，都是用天然鹅翎制成的。因为羽毛球对翎毛的要求很高，一只羽毛球的鹅翎，必须出自同一只鹅的翅膀。一只鹅的两只翅膀大概可以各出10根羽毛。也就是说，每只鹅翅膀上的鹅翎只能制作一只半羽毛球。看来，鹅为咱们人类的体育事业做的贡献可真不小啊！

自行车运动是最好的健身方式？

现在提倡低碳环保，选择公交或骑自行车出行的人越来越多。很多小伙伴可能会想，骑自行车不错，出行、锻炼两不耽误啊！不但绿色、环保，还能省下一笔车费或油钱。甚至有小伙伴花几千块大洋买装备，准备将自行车运动进行到底。

从健康角度来看，自行车并不适合作为长期的锻炼项目，尤其对男性朋友而言。自行车车座窄小，如果男性长时间骑车，睾丸、前列腺等器官受到长时间挤压后会出现缺血、水肿、发炎充血等状况，从而影响精子的生成，以及前列腺液和精液的正常分泌。严重者，甚至会导致不孕不育。

恐怖吧！骑自行车本来是为了锻炼身体，结果一不小心炼出了个"断子绝孙"的绝技，那就亏大发了。

青少年更不适宜长期骑自行车出行。孩子们正处于生长发育阶段，骨质相对柔软。如果为追求时髦而选用车把较低的自行车进行锻炼，时间长了就会影响脊柱的弯曲度，影响形体发育。换句话说，如果孩子真的喜欢这项运动，一定要监督他们在锻炼的时候注意正确的姿势。

此外，国外的一项研究还表明，自行车运动虽然能够预防心血管等疾病，但如果没有医生的指导，不科学的自行车运动同样会导致已经患有高血压的人血压升高、冠心病患者心脏负担加重、疝气患者的病情加深、脑震荡后遗症患者和癫痫病患者也容易出现意外摔倒的情况。所以，患有这些疾病的人也不适合从事这项运动。

夏季跑步时可以不穿袜子、内裤？

炎炎夏日，即使太阳下山之后，运动场上依然热得像火炕一样。有些小伙伴，尤其是男性小伙伴，图个凉快，出来锻炼的时候往往只穿运动鞋，不穿袜子，甚至只穿运动短裤，不穿内裤。据说，这样全副"空挡"运动，不但透气、凉快，而且充满激情。

小伙伴们是不是有种跃跃欲试的感觉？等一下，先看看运动专家是怎么说的，再出发也不迟。运动专家说，光脚穿运动鞋会严重影响脚部局部皮肤的散热功能和排汗功能。双脚憋在鞋里，不能正常地与流通的空气接触，局部汗液不能被及时蒸发掉。时间一长，就有可能引起汗疱疹或湿疹。而且，湿乎乎的汗液还会浸渍脚部的皮肤，使其防护功能下降，增加患上感染性皮肤病（如足癣、丹毒）的几率。

这么说来，穿上袜子之后，岂不是就更不透气了？确实如此。但我们平时所穿的袜子大多都是棉质的，吸汗能力很强。运动时，脚部出点汗，会被袜子悉数吸走。而且，穿上袜子还能防止脚部和运动鞋摩擦，降低磨出血泡的风险。

至于不穿内裤，跑起来确实激情无限。可是，如果你穿的是普通的运动短裤，而非带有内衬的专业运动短裤，私密部位在激情过后就要受罪了。由于运动时出汗较多，双腿移动频率又高，很可能会擦伤外阴和大腿根部。

怎么样？小伙伴们现在还想不想去激情一下呢？为了健康，运动时最好穿上棉质的袜子和内裤。

饭后百步走，活到九十九？

俗语有云，"饭后百步走，活到九十九"。提到这句俗语，不少小伙伴可能会不屑一顾。现代医学已经证明，饭后运动有害健康。因为饭后胃处于相对充盈的状态，胃需要分泌更多的消化酶与食物充分混合，进行初步消化。如果此时运动，势必会减少胃部的血液供应量，继而影响消化。

有鉴于此，人们提出了一个新的说法："要想活到九十九，饭后不要走。"看起来很有道理，很科学！还真有点让人进退两难，一边是传统说法，一边是科学，到底该相信哪一个呢？饭后"走"与"不走"，一下子变得"生死攸关"了。谁不想活到九十九啊！

其实，无论是西医，还是中医，都认为饭后散步是身体健康的秘诀。美式英语中"couch potato"意为"长在沙发上的土豆"，指的就是那些饭后坐在沙发上看电视的人。当然，咱们所说的"饭后百步走"，并不是要你吃完饭，撂下碗筷就跑出去。咱们吃进去的食物会在胃里停留一段时间，从容地与帮助消化吸收的胃液相混合。然后，再缓缓地从胃里排出，进入十二指肠。

这个过程大概需要1个小时左右。也就是说，饭后1个小时后即可起身，开始散步了。除此之外，气候、季节和天气等因素也至关重要。比如说，寒冬腊月，

看看吧，你知道的那些都是错误的

大雪纷飞之际显然不适合饭后到户外"百步走"。这种情况下，在居住环境里走动走动，效果会更好。

医学家还建议，小伙伴们可以根据自己的身体情况，散步的时间以10~30分钟为宜。体弱、年迈的人可以少走一些，避免劳累，增加心脏的负担；缺乏运动、体重超标、消化不良、食欲不振的人则可以多走一会。

闭上眼睛后，人无法沿直线行走？

有的人来到一座陌生的城市，穿梭大街小巷，完全不用看路标，就能找到自己要去的地方。然而，有的人就算在离家100米的地方也会迷路。这两种人都很少，皆是神一般的存在。前者方向感特强，而后者则是绝对的路痴。

不过，无论平时方向感有多好，或者有多不好，眼睛被蒙上后，都将彻底迷失，甚至连100米的直线都无法走完，只能原地转圈。这是真的吗？

我们可以很负责地告诉你：千真万确！2012年，杭州《都市快报》的"好奇实验室"就此组织了一次实验。三男一女在足球场两个球门之间约100米的距离上进行了实验。

结果，平时喜欢踢球的一名实验员走完100米时，偏离球门整整20米；第二名、第三实验员只走出了十余米，便开始偏离目标，走出了一个四分之一圆的轨迹；平衡感较好的那名女性实验员尽管小心翼翼，但也在走出20米直线后开始偏离目标，走出了一条往右偏移的弧线。

看来，人蒙上眼睛之后确实无法走出直线。但这是什么原因呢？有什么科学的解释呢？有人说，这是因为地球引力的原因；也有人说这是因为人的两条腿长短不一所致。如果真是这样，为什么睁着眼睛就能走出直线了呢？

原来，我们在走路的时候，80%的信息都来自于视觉。睁着眼睛走路，我们可以根据身边的参照物，不停地调整自己的脚步。但蒙上眼睛之后，信息来源骤减，失去了80%的参照对象，无法根据需要调整脚步，自然而然就会走出弧线了。即便是在原地打转也不是什么奇怪的事情。

原地站着比走路更耗费体力？

我们干活的时候，要是有人站在一旁"唧唧歪歪"地瞎指挥，我们多半会产生不满心理，回敬他道："你这是站着说话不腰痛！"

且不管站着说话是不是真的不腰痛，我们先来考虑这样一个问题：原地站着是不是比走路更轻松。也许很多人会不屑一顾地说："答案一目了然，还用考虑吗？当然是原地站着轻松了。"

NO！NO！NO！原地站着比走路更耗费体力！不信的话，可以试一试。分不同的时间段，最好是两天，先一动不动地原地站着一个小时，感受一下。第二天再小步慢走一个小时，感受一下。等体验完毕了，你就不会说原地站着比走路轻松了！

小步慢走一个小时，对很多人来说一件非常轻松的事情，但一动不动地站在原地一个小时，大部分人都会累得筋疲力尽。这是怎么回事呢？

原来，一动不动地原地站着时，全身的重量一直压在双腿上，而其他部位也会处于相对紧张的状态，时间一长自然就受不了了。而走路的时候，只有大腿的肌肉在运动，其他部位的肌肉都相对放松。而且每走一步，总有一条腿处于空中

看看吧，你知道的那些都是错误的

的放松状态，可以得到短暂的休息。

下次在车站等人的时候，不要再傻乎乎地站在原地一动不动了。可以找一个地方坐下来。如果找不到坐的地方，不妨试试来回踱步。这样会比较节省体力哦！

吃饱了没事干，跑步会得阑尾炎？

有些小伙伴总是坐不住，就像屁股上长了钉子似的。甚至刚吃饱时也得站起来溜达溜达，或者跑两步。这时，总会有人站出来警告说："这样会得阑尾炎的！得了阑尾炎要痛的！痛了要做手术的！"

挺着肚子跑两步真的会得阑尾炎吗？饭后跑步确实不是什么好习惯，但把得阑尾炎的黑锅扣在饭后运动上，实在太冤枉人家了。人家表示，冤枉呐，比窦娥还要冤！

吃饭的时候，食物会先在胃里存储起来，然后逐渐进入小肠，最后才进入大肠。进入大肠之后，离下水道也就不远了。咱们先别管大肠的事，先看看阑尾。盲肠以及盲肠上的蚓状突起——阑尾位于小肠的终末端，为大肠的起始部。而小肠长达四五米，食物通过这段距离大概需要6个小时的时间。

也就是说，饭后半个小时之内，咱们吃进去的食物还在胃里，或者刚刚开始进入小肠。这个时候就算再颠，也不大可能把食物颠进四五米之外的阑尾里。更何况，小肠还曲里拐弯的。想想羊肠小道这个词，就能想象咱们肚子里的情况了。

但饭后剧烈运动有时候确实会引起腹痛。这是怎么回事呢？这有几个方面的原因。第一，饭后胃里装满了食物，运动会震动胃肠，使连接胃肠的肠系膜受到牵拉，引起腹痛。

第二，运动时血液的分配会从消化道转移到骨骼肌，促使消化道缺血而导致胃肠道平滑肌痉挛发生腹痛。

第三，运动时全身需氧量增加，肺活量小的人努力喘气，使得胸腔负压减小，造成肝脏血液回流受阻，表现为右上腹疼痛。这些症状会在运动停止后慢慢消失。

如果足够倒霉，恰好在饭后得了阑尾炎，也会腹痛。这个时候就需要去医院就诊了。需要特别提醒的是，饭后运动虽然不会诱发阑尾炎，但会对消化系统造成伤害。饭后最好休息一两个小时，然后再进行锻炼。

身体一半的热量都是经脑袋散失的？

严冬季节，北方的小伙伴总羡慕南方的朋友，以为南方很暖和；南方的小伙伴则替北方的朋友担忧，这么冷的天，怎么活啊！估计没人敢在户外小便，不然的话，小便出来很可能被冻成冰柱。

可一旦真的到了对方生活的地方，羡慕和担忧就全都成了惊讶！北方的小伙伴到了南方，总是被冻得搓手又跺脚；南方的小伙伴到了北方则躲在烧得旺旺的暖气房间里，一脸幸福，"乐不思蜀"。

如何尽可能地减少热量散失是小伙伴们冬季讨论的热门话题。互联网上和一部分关注生活常识的书籍通常会建议我们戴上一顶温暖舒适的帽子，因为人体一半左右的热量是从头部散失的。如此说来，脖子上的这个"二斤半"就是一个超级散热器！

还甭说，这个说法貌似很有道理！冬天的时候，戴顶帽子确实要暖和得多！

如果你真这样想的话，脖子以上的那部分可就要叫屈了。这不是冤枉吗？简直就是赤裸裸的冤枉，比窦娥都冤！

该说法的源头是美国陆军1970年推出的生存手册。在"寒冷天气下的基本生存原则"这一节中，书中写道："你裸露在外的头部会散失40%~45%的身体热量。"

美军的生存手册，多么专业，多么权威啊！指定错不了。其实，美军生存手册中的说法本身并无错误，流言的产生源于人们的错误解读。生存手册中的数据来自美国陆军20世纪50年代进行的一次实验。实验的测试对象是严寒环境下"全副武装"的人，仅有头部裸露在外。这下真相大白了吧！

其实，要验证这个说法并不困难。挑个大冷天，戴顶厚厚的大棉帽，光着屁股到雪地里站半个小时，然后再穿着衣服光着头站半个小时，结果就出来了。

运动过后，马上吃肉补充体力？

如今，"宅"字当道，谁的脑门上要是不刻着"宅男"或"宅女"的字样，都不好意思和小伙伴走在一起。好在，喜欢运动的人也不少，尤其是中老年人。每天黄昏，大爷、大妈们连晚餐都来不及吃，就聚在小区门口，音乐响起，广场舞跳起，要多"嗨"有多"嗨"！

运动了就会累，累了就得吃肉，吃肉才能补充体力！真的是这样吗？事实上，人在运动后感到疲劳，主要是因为体内的糖、脂肪、蛋白质被大量分解，产生了乳酸等酸性物质。

由于这些物质的堆积，肌肉张力就会下降，运动耐久性降低；由于二氧化碳的堆积，刺激呼吸中枢，还会导致打哈欠。如果能够把这些乳酸和二氧化碳等代谢物从血液中去掉，人体可立即恢复勃勃生机。

换句话说，疲劳实际上是一种酸性物质"中毒"现象。如果这个时候再吃一些富含酸性物质的肉、鱼等食物，会使体液更加酸性化，不利于解除疲劳。

另外，如果不加节制地进食肉类，还会在运动后"超量恢复"的作用下使体重增加，不利于体重的控制。如摄入过多脂肪，不但会导致热能过剩、发胖，还有加重肝肾负担的可能。

相反，适当地食用一些蔬菜、甘薯、苹果之类的碱性食物，能很快地帮助肌肉解除疲劳，恢复体力。

在这里，要给"宅男""宅女"们特别提个醒。有规律地参加体育运动有利身体健康，不要整天宅在家里。不过，由于"宅男""宅女"们平时参加的体育活动较少，应注意控制运动量，并注意运动后的放松活动，如拍拍腿、甩甩胳膊、扭扭腰等。

否则的话，很容易造成肌肉劳损，其结果还不如不运动。时间长了，还有可能出现腰酸背痛等状况，甚至引发椎间盘突出等疾病。

冬天穿裙子，美丽冻人冻出关节炎？

现如今，小伙伴们对穿着、打扮是越来越重视了。数九严寒，到大街上一看，美丽"冻"人的裙子姑娘和"要风度不要温度"的少年比比皆是。大爷、大妈看了，一边"啧啧"咂嘴，一边在小声嘀咕："年龄大了，有你受的。"

这句"有你受的"其实是暗指关节炎。在很多人的常识里，关节炎都是年轻时不懂保养，冻出来的。冬天穿裙子，美丽"冻"人真的会冻出关节炎吗？

关节炎是一种发病率很高的骨关节病。发病率到底有多高呢？有关资料显示，在X光线普查中，55岁以上的人群中，患有关节炎或者有关节炎的X线表现者高达80%，而65岁以上人群中，关节炎的临床患病率竟然高达68%。天呐，这个比例可真够恐怖的！

和很多商品一样，人体组织也有"使用寿命"，关节也不例外。随着年龄的增长和磨损，关节处的软骨会变薄、软化、失去弹性，甚至碎裂、剥脱，软骨下的骨质增生并形成骨赘，也就是咱们常说的"骨刺"，最终导致关节疼痛、关节僵硬和活动受限。这就是关节炎了。换句话说，与其说关节炎是一种疾病，倒不如说是关节对磨损产生的自然反应。

目前已知的关节炎发病的危险因素包括高龄、肥胖、雌激素缺乏、骨密度异常、过度运动等因素。但没有任何证据表明寒冷是导致关节炎的因素之一。人们之所以会产生这样的误解，是因为寒冷会加剧关节疼痛。

寒冷会导致肌肉收缩，关节僵硬，血液循环变慢，滑液分泌减少，从而加重关节负担，减少关节的使用寿命。此外，"要风度不要温度"还会增加意外受伤的几率，间接对关节造成危害。因此，美丽"冻"人虽冻不出关节炎，但从健康的角度来看，依然是不可取的。

一天之中，早晨的空气最新鲜？

俗话说"一年之计在于春，一日之计在于晨"，早晨在很多人的印象中是最美好的时刻。中老年人尤其喜欢早早起床，到公园溜达溜达，锻炼锻炼身体，呼吸呼吸新鲜空气。早晨的空气新鲜嘛，不然早晨为什么又被称为清晨呢？

早晨的空气真的新鲜吗？很多小伙伴认为，夜晚的时候，人为活动少，排放的污染物也少，所以早晨的空气最新鲜。其实，这条长久以来形成的常识是错误的。

咱们知道，人类须臾离不开的氧气是植物进行光合作用的副产品。但晚上的时候没有太阳，植物无法进行光合作用，只会和动物一样，吸入氧气，呼出二氧化碳。如此一来，到次日太阳将升未升之时，空气中的氧气最少，而二氧化碳最多。

更为重要的是气象因素。当地面温度高于高空温度时，地面的空气就会上升，地面空气中的污染物就容易被带到高空扩散。当地面的温度低于高空温度时，天空中就会形成逆温层。逆温层就像一个巨大的盖子一样盖住地面，不让地面污染物上升扩散。

夜晚，尤其是冬季的夜晚，地面温度通常低于高空温度，形成逆温层。地面上一些有害的化学物质污染物，如二氧化碳、二氧化硫、苯并芘等，不能向大气上层扩散，都停留在下层呼吸带中。特别是工业集中区或高楼林立的居民区，以及汽车飞驰而过的道路两旁，有害物质要高出正常情况的2~3倍。

由此看来，早晨的空气非但不新鲜，反而是一天之中最污浊的时候。如果这个时候外出锻炼，会对健康产生极为不利的影响。正常情况下，一个健康的成年人平常每分钟呼吸16~20次，一天吸入的空气在10立方米以上。而锻炼时，由于代谢加快，呼吸也会比平时快2~3倍。所以，早晨外出锻炼，吸入的污染物会比平时多得多！

头能过去的缝隙，身体就能过去？

很多小伙伴童年时都钻过栅栏，童心不泯者现在还在钻。周末的时候逛公园，咱们经常能看到这样的景象：几个人排着整齐的队伍，站在栅栏旁边，左顾右盼。这是干什么呢？走近一看，才发现，最前面的那个人正撅着屁股，努力往栅栏外钻去。他倒是钻得其乐无穷，但看的人却连连摇头，这也太不文明了。

说起钻栅栏，大部分人都有这样的常识，只要头能过去，身体也就能过去。嘿，还别说，想想小时候的经历，好像还真是这么回事！这有没有什么科学依据呢？

有，而且说起来很简单。大部分人的颅骨前后径都大于胸廓和骨盆的前后径，所以头钻过去了，身体也能钻过去。不过，需要注意的是，我们说的是大部分人。至少还有10%的人颅骨前后径小于胸廓和骨盆的前后径。也就是说，如果这部分人去钻栅栏，肯定会被卡住的。

在这里，我们还得特别提醒小伙伴们，这个数据没有考虑服装、体型、脂肪和性别的影响。比如，同样是标准体型，同样一个栅栏，男性可以轻而易举地钻过去，但成年女性则不一定能通过。如果不出意外，身材越好的女性被卡住胸部的可能就越大。

如果你是个胖子，或者有啤酒肚，又或者身材健硕，一挺胸，肌肉就乱蹦，那么恭喜你，就算你的颅骨前后径大于胸廓和骨盆的前后径，你也无法通过。身上的肌肉或脂肪一定会拖你的后腿！

仰卧起坐是去肚腩最有效的方法？

《诗经》有云："窈窕淑女，君子好逑。"每一个爱美的女性都渴望拥有迷人的身材。那么，平坦光滑的腹部就必不可少。腰上挂着"游泳圈"，无论如何也不能和"窈窕淑女"扯上关系。

很多小伙伴都相信，坚持做仰卧起坐是去肚腩最有效的方法。仰卧起坐真的能能减肚腩吗？这是一个困扰着诸多胖妹妹的问题。一项社会调查显示，85%女性认为仰卧起坐是一种最有效的去肚腩方法。

大家认为，仰卧起坐属于有氧运动，轻松、没压力。它不但可以消耗腹部的脂肪，减掉肚子上多余的赘肉，紧致腹部的皮肤，而且还可以保证卵巢正常排卵和宫腔保健。仰卧起坐不仅能有效锻炼直肌，还更能锻炼腹部的外斜肌以及腰背部的竖脊肌，能够快速有效的减少腰围、降低体内热量。

超过30%的女性则现身说法，用自己的实际经历来说明问题。她们说，每天晚上睡觉前坚持做一定数量的仰卧起坐，长期坚持下来，肚子上的肥肉不见了，小腹也变得平坦了。

不过，也有15%的女性认为，仰卧起坐对去肚腩没有任何作用。这部分人认为，肚腩是由于腹部脂肪堆积造成的。而脂肪堆积主要和个人体质、饮食习惯、作息时间等息息相关。如果平时摄入的热量过多，作息时间不规律，运动量过少，势必造成腹部脂肪堆积。

俗话说，真理往往掌握在少数人的手里。这话说的一点也没错。实际上，肚腩的形成确实和饮食、作息时间、运动量大小息息相关。想要去掉肚腩，只有合理控制自己的嘴、养成良好的作息习惯、多做有氧运动，才能达成目的。

至于仰卧起坐，它的确是去肚腩的方法之一，而且颇有效果。但是不是最好的方法，目前尚无定论。

看看吧，你知道的那些都是错误的

公车久等不来，是继续等还是步行？

在低碳生活的号召下，越来越多的小伙伴选择乘坐公共交通工具出行。不过，坐公车虽然环保了，但也有烦恼。相信大部分小伙伴都有过这样的经历：公车久等不来，索性选择步行，但没走几步，公车就从身边呼啸而过……

美国加利福尼亚理工学院的尤斯廷·陈（音译）、哈佛大学教授斯科特·科明诺斯和罗伯特·辛诺特等人研究了这个有趣的现象，并发表了《步行还是等待：懒惰数学家的胜利》一文。

3位科学家在文章的开头指出，如果公车久等不来，而目的地又不是很远，应该如何抉择呢？是继续等下去，还是选择步行？从表面上看，如果想要节省体力，自然是继续等车比较划算；如果要节约时间，选择步行似乎比较经济。然而，事实真是如此吗？

研究者们建立了一个数学模型，定义各种变量，并将其转换成公式。d代表目标路程，n代表途中公车站的数量，vw代表陈的步行速度，vb代表公车的行驶速度，t代表开始时间，tw代表等公车所浪费的时间。

将各种变量带入公式之后，众人发现，不论步行看起来多么诱人，继续等车的人最终将比选择步行的人更早到达目的地。唯一的例外是，只有在公车发车频率在1个小时以上，且乘客目的地在1公里以内，步行才可能节省时间。否则，丧失等车的耐心而开始步行，通常会使你更晚到达目的地。

嘿，还真是懒人有懒福啊！

第六章
日常生活用品总动员！

发电子邮件、短信也会破坏环境？

自由、开放的多元化社会最有意思，研究什么问题的人都有。这不，有几个科学家闲得难受，居然去研究发电子邮件和短信对环境造成的负面影响。

美国和日本的几个科学家经过精密的计算，发现发电子邮件和短信也会污染环境，尤其是垃圾邮件和短信。污染环境？什么环境？人文环境，还是自然环境？如果说垃圾邮件和短信污染人文环境，这很好理解。可它怎么会污染自然环境呢？但不管你信不信，事实确实如此。

一家专门从事垃圾邮件过滤的公司于2009年初做了一次调查。结果发现，垃圾邮件和短信居然是超大的"碳"制造机。全世界每年浪费在发送、处理、过滤垃圾信的电力，高达330亿千瓦时，相当于920万户日本家庭一年的用电总量。而把这些用电量转换成碳排放的话，相当于往大气中排放1700万吨二氧化碳，平均一封垃圾邮件0.2克。

听起来真是太可怕了。有人提出，最好的解决方法就是安装最尖端的垃圾邮件过滤软件，让垃圾邮件死在源头！听起来不错。就是不知道这种过滤软件会损耗多少电能，会不会造成更大的环境污染。

发送一条手机短信消耗的电能约为5微瓦时，相当于向空气中排放二氧化碳0.000003克。考虑到手机用户十分庞大，已经超过全球人口总和（也就是说，有的人同时使用多部手机），每人每天平均发送短信量也很惊人，因发送短信而产生的二氧化碳排放量将会是一个天文数字。

"千金"最初是用来形容男子的？

自从"白富美"一词出现之后，"千金小姐"就渐渐淡出了人们的生活。"白富美"通俗、生动，确实比文绉绉的"千金"更具冲击力。

有意思的是，"千金"一词最初并不是女孩的"专利"，而是用来形容男子的。据《南史》记载，南朝著名文学家谢庄有个儿子名叫谢朓。这个孩子非常聪明，诗文功夫了得，10岁便能出口成章，而且颇具文采。

有一天，谢庄带着儿子陪皇帝出游。游玩过程中，皇帝听说谢朓很有才华，便让他当场写一篇《洞井赞》，看看传言是真是假。谢朓略一思索，便挥笔而就，"文不加点，援笔即成"。果真是传说中的神童啊！

皇帝看罢文章，大为惊讶："虽小，奇童也。"

一旁的宰相王景文也给谢庄道喜："贤子足称神童，复为后来特达。"

这番马屁拍得谢庄心花怒放，立即拍着儿子的后背说："真吾家千金！"

谢朓这孩子也争气，长大后果然不负众望，不仅成了当时有名的文学家，还当上了尚书令。这是"千金"一词首次出现。自此之后，"千金"一词便一直用来形容出类拔萃、德才兼备的男子。

直到元代，元杂剧《薛仁贵荣归故里》出现，"千金"一词才的专利权才被转让给女子。显然，专利使用费是没办法支付了。后世遂按照这一传统，普遍把大户人家的女孩子称为"千金"。"千金小姐"这一称谓也便流传了下来。

现在，女孩们有了"白富美"，也就不稀罕"千金"了。不知道以后这个词会不会还给男子呢？估计汉子们也不稀罕，人家也有"高富帅"啊！

冬季用塑料袋、保鲜膜储存果蔬？

寒冷的冬季，小伙伴们大多喜欢把自己关在家里，看看电视、上上网、聊聊天，日子快得春光明媚！可那不争气的肚子，总在不经意间"咕咕"叫两声，提醒你快点去吃东西。

为了少出门，小伙伴们通常会选择一个好天气，"扫荡"菜市场。大包、小包提回家，搞得冰箱都装不下了，就跟果蔬不要钱似的。冰箱装不下不要紧，各种生活小妙招来帮你忙。相信，很多很多人都知道，把果蔬放在塑料袋里，或者用保鲜膜裹起来，可以延长贮存期。

这个科学吗？绝对科学。这个方法的原理很简单，就是降低氧浓度，增加二氧化碳的浓度，使蔬果处于休眠状态。果蔬睡着了，贮存期自然也就延长了。这和动物冬眠差不多是一个道理。

不过，千万别以为把东西往塑料袋里一扎就没事了。蔬菜、水果水分含量比较高，通常为60%~95%，且含有水溶性营养物质和酶类。采摘下来之后，果蔬仍然很顽强地进行着呼吸活动。在一般情况下，温度每上升10摄氏度，呼吸强度就

看看吧，你知道的那些都是错误的

增加一倍。

在有氧的条件下，果蔬中的糖类或其他有机物质氧化分解，产生二氧化碳和水分，并放出大量热量；在缺氧的条件下，糖类不能氧化，只能分解产生酒精、二氧化碳，并放出少量热量。

但是，二氧化碳浓度不能无限度地上升，只能提高10%。氧浓度的下降也不能超过5%，否则果蔬在缺氧时为了获得生命活动所需的足够的能量，就必须分解更多的营养。同时，因缺氧呼吸产生的酒精留在果蔬里，会引起果蔬腐烂变质，所以果蔬放塑料袋内存放时间不宜过长。

不怕麻烦的话，最好每隔两三天，就把塑料袋的口打开，让果蔬"呼吸"一下新鲜空气。然后再把口扎上，以便减少腐烂变质情况的发生。

筷子只需餐餐洗，没必要经常更换？

对咱们中国人来说，筷子一天都少不了。一次性筷子的弊端，小伙伴们想必早已了解。实际上，不光一次性筷子弊端多多，家庭和餐饮店里重复使用的筷子也存在一定的安全隐患。

记者调查发现，很多家庭买一次筷子能使几年。就算时间短一点，往往也会超过一两年。很多小伙伴认为，筷子嘛，饭前饭后都要清洗，干净着呢，没必要经常更换。

事实真的如此吗？家庭和餐饮店里重复使用的筷子以木筷和竹筷居多，也有家庭使用不锈钢、仿瓷或塑料筷子。咱们在购买筷子的时候，最好选择木筷或竹筷。因为不锈钢筷子长时间接触酸、碱、盐溶液后，铬和镍等重金属就会进入体内，危害健康；塑料筷子质感较脆，硬度不理想，受热后容易变形，会产生对人体有害的物质。竹筷、木筷等天然材料制成的筷子无毒无害，也很环保，最为实用。

但这并等于说竹筷和木筷是安全的。它们也有保质期的，最好半年更换一次。是不是很惊讶？以前只听说过定期更换牙刷，原来这筷子也需要定期更换。这是因为咱们洗筷子的时候往往很豪放——抓一把筷子，挤点洗洁精，猛搓几下，用清水冲干净，就完事了。

这样很容易使筷子，尤其是没有保护层的"裸筷"变粗糙，产生许多细小的凹槽和裂纹。而这些地方很容易成为致病微生物的藏身之处。

有研究表明，中国将近一半人的体内存在导致胃病、消化性溃疡的幽门螺旋杆菌，而筷子就是这些细菌重要的传播介质之一。有时候，人们并没有吃什么不干净的食物，但还是会患上突发性肠胃炎。这种情况很可能就是筷子传播幽门螺旋杆菌引起的。所以医生建议小伙伴们，除了要对筷子勤消毒外，至少要半年更换一次。

遇热时，薄玻璃杯比厚玻璃杯易碎？

同时往薄玻璃杯和厚玻璃杯里倒热水，哪个杯子更容易碎裂呢？这还不简单，肯定是薄玻璃杯！相信很多小伙伴都会毫不犹豫地做出这样的选择。

很遗憾，这个想当然的选择是错误的。是不是颠覆了你的常识？我们知道，在寒冷的冬季，玻璃杯冰冷冰冷的，一旦倒入滚烫滚烫的热水，就有可能碎裂。热胀冷缩嘛！冰冷的杯子遇热，杯壁突然膨胀，一旦超出极限，就会碎裂。

道理是这么个道理，情况是这么个情况。可为什么是厚玻璃杯更容易碎裂呢？这要从玻璃的导热性能说起了。玻璃是热的不良导体，导热性能比较差。如果杯壁相对较厚，开水的热量传递到外壁的时间也会长一些。

关键问题出来了。在这个短暂的时间里，内壁受热膨胀，而外壁还是冰冷的，结果会如何呢？自然是碎裂了！

中国大陆地区的手机号码世界最长？

自从手机，尤其是智能手机基本普及以后，它已经成了我们身体的一部分。在地铁里，一眼望去，除了低头看手机的人，还是低头看手机的人……

有了手机，就得有手机号。咱们中国大陆地区使用的手机号为11位。够长吧，光记电话号码就够劳神的。不信，你问问你身边的小伙伴，有多少人能记住10个以上的号码。

也许有的小伙伴不服气，说11位号码算什么，肯定有比咱们中国还长的号码。举个例子呗！找不到吧。实际上，咱们中国大陆的手机号就是世界上最长的电话号码。

咱们为什么要用这么长的号码呢？原因很简单，咱们人多呗！一个11位数的组合数是一个最小的12位数，一共有千亿个号码。即便除去头两位的"13""15""18"，还剩下9位数。而一个9位数的组合数是一个最小的10位数，也就是从000000000~999999999，一共可以容纳10亿个不同的号码。

咱们中国大陆有13亿人口，现在使用的号段前两位有13，15，18等3个。也就是说，分分钟就有30亿个手机号码可供咱们选择。就算将来手机普及到人手两部，号码依然够用。如果要人手3部以上的手机，依然很简单，第二位再换个数字，又是10亿个号码。

顺便说一句，世界上最长的手机连号为13333333333。该号码归属于秦皇岛联通分公司。据报道，该公司已经委托吉尼斯总部的中国总代理辽宁教育出版社，向吉尼斯提出了申请，申报世界最长的手机连号。

身份证号码里隐藏着什么秘密？

每个成年人都有一个唯一的身份证号码。这个号码是随机生成的，还是有规律可循的呢？相信很多小伙伴都已经知道了身份证号码里隐藏的秘密。

公民身份号码是一组由17位数字本体码和1位校验码组成的特征组合码。排列顺序从左至右依次为：6位数字地址码，8位数字出生日期码，3位数字顺序码和1位数字校验码。

前6位地址码表示编码对象常住户口所在县(市、旗、区)的行政区划代码，按GB/T2260的规定执行。最开始的两位数表示省份，如11为北京、12为天津、13为河北、14为山西、15为内蒙、21为辽宁、22为吉林、23为黑龙江、31为上海、32为江苏、33为浙江、34为安徽等。

第七位至第十四位是出生日期码，表示编码对象出生的年、月、日，按GB/T7408的规定执行，年、月、日代码之间不用分隔符。如该编码为19850101就表示编码对象的出生日期为1985年1月1日。

第十五至第十七位为顺序码，表示在同一地址码所标识的区域范围内，对同年、同月、同日出生的人编定的顺序号，顺序码的奇数分配给男性，偶数分配给女性。

第十八位为校验码，是由号码编制单位按统一的公式计算出来的。如果某人的尾号是0～9，都不会出现X，但如果尾号是10，那么就得用X来代替。值得注意的是，这里的X并不是英文字母，而是罗马数字10。

计算机为什么没有A盘和B盘？

小伙伴们发现没有，打开"我的电脑"，只能看到C，D，E，F等盘，而看不到A盘和B盘。这是怎么回事呢？计算机为什么没有A盘和B盘呢？

这还得从计算机刚刚诞生的时候说起。计算机刚诞生之时没有硬盘，数据都存储在软盘里。软盘驱动器按照顺序占据了A和B盘符的位置。A是给3.5英寸软盘预留的，B是给5.3英寸软盘预留的。

A盘和B盘软盘的存储空间都很小，小到什么程度呢？用今天的标准来看，它们小到可以忽略不计的程度。A盘存储大小为1.44MB，最初主要是为了存储操作系统文件。而B盘的存储大小是360KB，主要用来存放一般文件。这样的盘放在今天，什么东西都装不下。

后来，硬盘出现了，这就是我们今天看到的C，D，E，F等盘。再后来又更多存储设备，比如U盘、移动硬盘、SD卡等。这些硬盘、移动硬盘、SD卡使用方便，容量也越来越大。A，B盘自然也就没有存在的必要了。

所以对接触计算机相对较晚的年轻人来说，A，B盘就像从来没有存在过一样。当然，也没有多少人关心这个问题。如果家里还有20世纪90年代的机器，不妨开机看看，在那里能够找到A，B盘的盘符。

"QWER"键盘布局能降低打字速度?

不知道小伙伴们有没有考虑过,键盘的第一行为什么是QWERTYUIOP,而不是按照字母顺序排列的ABCDEFGHIJ? 如果换成这样的布局,我们也不需要花时间记住每一个字母键的位置了。

也许你不知道,键盘的历史远比计算机要早。世界上第一台计算机是20世纪40年代出现的,个人使用的小型计算机直到70年代才出现。但作为计算机组建的键盘在19世纪70年代就出现了。这么算来,键盘的历史比个人小型计算机早了整整100年的时间。

1868年,美国人斯托夫·拉森·肖尔斯发明了机械打字机。有了打字机,就得有键盘,不然怎么打字呢? 这台打字机的键盘就是按照ABCDEFGHIJ的顺序布局的。很快,问题出现了。这台机器打字的速度实在太快,经常导致打字机相邻的按键撞在一起,发生卡壳现象。

肖尔斯不得不对他的发明进行了改进,人为地降低了一些常用字母的输入速度。于是乎QWER式的键盘出现了。这就是我们今天使用的键盘。

后来,打字机的设计水平得到了提高,卡壳的现象几乎不再出现。到了20世纪中期,电子键盘代替了机械键盘,对输入速度过快的担心完全成了杞人忧天。

与此同时,各种各样的新发明和新机器走进了人们的生活。为了让机器的操作更加方便,一门新的学科——人机工程学诞生了。科学家们惊讶地发现,从人机工程学角度分析,QWER式键盘几乎是人类历史上最糟糕的发明。

看看吧,你知道的那些都是错误的

于是，一些科学家对键盘布局进行了新的研究，发明了"DSK"式键盘。然而，传统的力量非常巨大，这种键盘并没有取代"QWER"式键盘。想想也是，大家都已经习惯了QWER式键盘，谁愿意再花力气去记忆新的顺序呢？

罐装液化气和煤气是一种东西？

新建的小区大多都用上了管道天然气，但依然有不少地方使用罐装气。不知道小伙伴们注意到没有，气罐上印的字是液化石油气，但咱们灌气的时候通常会说成"灌煤气"。难道这液化石油气和煤气是一回事？

液化石油气和煤气虽然都是气体燃料，却不是一回事。煤气是用煤作原料制造的，来自城市的煤气厂。一般来说，煤气的生产方法有3种。第一种是把煤放在煤焦炉子干馏。这样生产出来的煤气，其主要成分是甲烷、氢气、一氧化碳，被称为焦炉煤气。

第二种生产方法是用水蒸气和赤热的无烟煤或焦炭作用而生成煤气。这种煤气的主要成分是一氧化碳和氢气，被称为水煤气。

第三种是用空气和少量的水蒸气跟煤或焦炭在煤气发生炉内反应，生产煤气。这种煤气的主要成分是一氧化碳和氮气，被称为发生炉煤气。

液化石油气是石油炼制厂的副产品，经加压液化装入钢瓶里，打开阀门的时压强减小，液化气由液体变成气体，点火后，燃烧生成二氧化碳和水，并释放热量。

我们现在使用的罐装气大多都是液化石油气。跟煤气相比，液化气的热值高，效果好。同体积的液化气和煤气完全燃烧，液化气的热值是煤气的20倍。通常情况下，液化气无毒。但如果燃烧不充分，也会产生一氧化碳，对人体构成危害。而煤气本身就含有一氧化碳，毒性比较大。

短距离无线网络标准为何叫蓝牙？

我们使用的电子设备，不管是手机，还是电脑，普遍都配备了蓝牙。蓝牙的技术名称为短距离无线网络标准。从1994年开始，这项技术已经伴随了世人20年的时间。对日新月异的电子技术领域而言，20年是一段漫长的历程。

短距离无线网络标准为何又叫蓝牙呢？传说，10世纪的北欧纷争四起，诸侯争霸，弄得民不聊生。后来，丹麦国王挺身而出，拯救万民于水火之中。这位伟大的国王依靠的并不是武力，而是三寸不烂之舌。

据说，在这位国王的斡旋下，各方停止了敌对活动，重新回到谈判桌上。通过沟通，诸侯们冰释前嫌，成了朋友。这位伟大的国王自然而然地成了北欧的共主。他的名字叫哈罗德·蓝牙。

蓝牙并非国王的本名，因为他酷爱吃蓝梅，连牙齿都被染成了蓝色，所以才被人称为蓝牙国王。因为善于沟通，哈罗德·蓝牙通常被视为"沟通"的代名词。

1994年，瑞典爱立信公司开始着手研究短距离无线网络通信技术。1997年，爱立信公司与其他设备生产商联系，并激发了他们对该项技术的浓厚兴趣。1998年2月，爱立信、诺基亚、IBM、东芝和英特尔等5大跨国公司组建了一个特殊兴趣小组，共同研究短距离无线通信技术，即今天的蓝牙。

在给这项技术命名的时候，研究人员讨论了欧洲历史和未来无线技术的发展，决定以蓝牙为其命名。蓝牙国王口齿伶俐，善于交际，就如同这项即将面世的技术一般。技术被定义为允许不同工业领域之间的协调工作，保持着各系统领域之间的良好交流，例如计算，手机和汽车行业之间的工作。于是，名字就这么定了下来。

因为天气太热，所以才七月流火？

不少小伙伴写文章的时候喜欢引经据典。加几句掉书袋的古文，就能让文章显得高大上了吗？未必！比如，有人形容夏天的炎热，往往喜欢引用《诗经》里的"七月流火"。七月，大地上像有大火在流淌一样，真是够热的！稍不注意，头发都能烤焦！

然而，细细一想，似乎又有点不太对劲。周朝的时候使用的是太阴历。七月相当于现在的农历八月。换算成今天通用的公历，已经是9月了。公历9月已经入秋，天气渐渐转凉。虽说秋天也有"秋老虎"，但还不至于"流火"！

其实，"七月流火"是古人对天象的一种描述。"火"是指的是大火星，而非燃烧现象。火星是一颗大行星，而大火星则是一颗恒星。它是天蝎座里最亮的一颗星，中国古代也称之为心宿二。它是一颗著名的红巨星，放出火红色的光亮，它的表面温度要比我们的太阳低很多。如果不仔细分辨，确实有可能把它和火星混淆起来。"流"是一个动词，这里指恒星的往西运行，下落的意思。

"七月流火"的真实意思，是说在太阴历七月（农历八月）天气转凉的时节，可以看见大火星从西方落下去。这是天气开始变凉的信号，说明寒冷的季节就快要来到了。当时，政府还设置了"火正"之职，专门负责观测大火星的位置，用以确定农时节令。

由此看来，用"七月流火"形容酷暑炎热的高温天气完全是错误的。其实，从这句诗的下一句"九月授衣"也可以看出端倪。正因为天气渐渐转凉，才要在两个月后"授衣"！

啤酒瓶盖的锯齿为什么是21个？

炎炎夏日，回到家中，弄两个凉菜，喝瓶冰镇啤酒，心里那叫一个舒坦啊！喜欢喝啤酒的小伙伴不知道注意到没有，所有的啤酒瓶盖都是21个锯齿。生产啤酒的厂家如此之众，盖子上的锯齿怎么会一样多呢？

其实，最初的啤酒瓶盖并不是21个锯齿。19世纪末，英国工程师威廉·佩特发明了24个锯齿的瓶盖，并申请了专利。佩特发现，这种24个锯齿的瓶盖可以有效密闭酒瓶。在标准化生产快速发展的19世纪末，24个锯齿的瓶盖很快成了行业标准，且一直沿用到20世纪30年代左右。

随着工业化的进程，手工加盖的方式被工业加盖所取代。人们发现，24个锯齿的瓶盖很容易堵住自动装填机的软管，而且加盖后不太容易打开。于是，24个锯齿变成了23个锯齿，最后又逐步规范到今天的21个锯齿。

简单地说，对啤酒瓶盖的要求有两条最主要的依据：其一是密封性和咬合度，也就是通常说的瓶盖要牢固；其二是方便打开。试想，如果你突然想喝啤酒，打了半天也没打开，估计兴致也没了。21个锯齿的啤酒瓶盖就是这两个要求的最佳折中方案。

如今，这种设计已经成了饮料行业的通用标准。比如，玻璃瓶装的可乐、雪碧和汽水等饮料，瓶盖上也是21个锯齿。

看看吧，你知道的那些都是错误的

吐司面包掉落，涂奶油的一面先着地？

科学家们早就发现，猫从高空落下的时候总是脚先着地。这是因为猫有发达的平衡系统和完善的机体保护机制。

当猫从空中下落时，不管开始时是背朝下，还是朝上，在下落过程中，它总能迅速地转过身来，四脚朝下。当接近地面时，它的前肢已做好着陆的准备。猫脚趾上厚实的脂肪质肉垫，能大大减轻地面对身体反冲的震动，有效防止震动对脏器的损伤。

这可是一个了不起的本领。换句话说，猫从高空跳下，做自由落体运动时基本上不会摔死。如果咱们人类也有这项本领，可以避免很多悲剧。据说，大部分跳楼自杀的人在跳下的那一瞬间就已经后悔了。可是，咱们人类没有猫的这种本领，后悔也来不及了。

猫从高空下落这种事情在生活当中并不常见。不过，生活中有一个与此类似的现象。不知道你注意到没有，从桌子边缘掉落的吐司面包，总是涂奶油的那面先着地。美国密西西比州的哥伦布女子大学还专门就此进行过实验。这些闲得手脚抽筋的科学家们发现，涂奶油的一面先着地的几率为78%。

为什么会出现这种现象呢？难道吐司面包也像猫一样，有凌空翻身的本领？其实原因很简单。面包从桌子边缘翻落的那一刹那，一部分重心已经掉落桌外，于是这片面包处于旋转的状态中，因此不是垂直落地，而是翻转着落下。

土司面包放在桌子上的时候，涂着奶油的一面向上。落下后，面包缓缓翻转，基本上刚好翻转一周半的时候，就落地了。这些科学家们还发现，如果不想让奶油弄脏地板，只要在3米高的桌子上吃饭就可以了。当然，前提是你够得着！

随手关灯，真的能够节约用电？

艰苦奋斗和勤俭节约是咱们中国人发家致富的两大法宝。艰苦奋斗不是一味地蛮干，也得开动脑筋；勤俭节约自然也不是一味地节省，能省的就省，不能省的自然不能省。否则的话，就成了守财奴。

话说，这勤俭节约也是讲究方法的。方法不对，不但不能节约，反而会造成不必要的浪费。比如，一说起节约用电，很多小伙伴立即就会想到"随手开关灯"。随手关灯真的能够节约用电吗？

能！但有一个前提，即随手开关灯的频率不能太高。咱们有时候会碰到这样的情况：有时候要到厨房拿一件东西，用完之后马上复位。有些小伙伴习惯于让厨房的灯一直亮着，直到东西复位后才关掉。而有的小伙伴则在拿东西的时候开关一次灯，东西复位时再次开关一次灯。

在咱们的印象里，采用第二种做法的小伙伴显然更会过日子！殊不知，这样做只能更加浪费电。其实，任何电器都一样，在打开开关的瞬间，电流要比平时大很多。也就是说，这个时候耗电量以及对电器的损害都要比平时大一些。倘若不信，可以在开灯之时盯着电表看一会，你会发现电表上的小红灯闪烁的频率先是很快，然后逐渐变慢。

这就意味着，如果离开的时间不超过几分钟，随手开关灯的耗电量可能会比让灯一直亮着大一些。对于节能灯而言，两者的差距就更大了。据测定，节能灯开灯瞬时耗电量是正常使用时的3倍以上。而且，节能灯要开灯5分钟后才能稳定发光。

这样算起来的话，在最理想的状态下，开一次灯的耗电量足够节能灯持续使用15分钟以上（考虑到电线损耗等因素，有人估计至少达1个小时以上）。现在弄明白了吧？"随手关灯"是错误的，这样做非但不能省电，还会造成不必要的浪费。

降半旗是把旗降到旗杆一半处？

降半旗又称下半旗，是当今世界上通行的一种致哀方式。当某国或地区的重要人物逝世后，通常会以下半旗的方式表示对死者的哀悼。

下半旗的做法最早见于1612年的英国。据说，"哈兹·伊斯"号在探索北美北部通向太平洋的水道时，船长不幸逝世。船员们为了表示对已故船长的敬意，将桅杆旗帜下降到离旗杆的顶端有一段距离的地方。

当船只驶进泰晤士河时，人们见它的桅杆上降着半旗，不知何意。一打听，原来是以此悼念死去的船长。从此，这种致哀方式就在海上流行开来。

到17世纪下半叶，下半旗的致哀方式流传到大陆上，为欧洲各国所采用。再后来，随着欧洲文化对外传播，下半旗的致哀方式也传到了世界各地。

很多小伙伴会从字面上来理解下半旗，以为是将旗降到旗杆一半处。其实不然，下半旗既不是将旗降到旗杆一半处，也不是直接把国旗升至旗杆的一半处，而是先将国旗升至旗杆顶，然后再降至旗顶与杆顶之间的距离为旗杆全长三分之一处。

下半旗是一个国家行为，一般是在某些重要人士逝世或重大不幸事件、严重自然灾害发生时来表达全国人民的哀思和悼念。在此期间，全国各公开场合的国旗，驻国外的使、领馆的国旗均应降半旗致哀。

应特别指出的是，沙特阿拉伯国旗与索马里兰国旗是不得降半旗的国旗。这两个国家的国旗上记载有清真言，清真言中含有真主之名，所以不得降半旗。

为什么一定要红灯停，绿灯行？

为什么一定要红灯停，绿灯行呢？绿灯停，红灯行不可以吗？小伙伴在等红灯的时候有没有考虑过这个问题呢？

这可不是"吃饱撑"的问题，而是一个容易被视而不见的常识。由著名的瑞利散射定律可知，波长短的光在传播过程中容易被散射掉，传播距离较短，穿透能力较弱。绿光的波长比红光的波长要短，所以绿光比红光更容易被散射掉，而红光的穿透能力相对较强。

咱们知道，设有交通指示灯的地方，交通状况往往比较复杂，车辆众多，行人密集，是交通事故多发区。如果再遇上恶劣的天气状况，比如北方冬季雾霾、沿海一带的大雾，就更加容易出事了。

由于红光散射相对较差，穿透能力较强，可以在能见度较差的天气里让驾驶员首先看到红灯，从而提醒驾驶员尽早减速以保证行车安全。另外，红色还会引起人的视神经细胞的扩展反应，是一种使人兴奋的扩张色。斗牛都是色盲，无法分辨颜色，而斗牛士却使用红布来引逗公牛，其目的就是让观众兴奋。

红色信号灯不仅可以作为停车信号，还可以作为各种危险、警示信号。比如，在城市的某些高大建筑物的顶上常要装设红灯，这一盏盏的红灯可以保障夜

看看吧，你知道的那些都是错误的

航飞机的飞行安全，防止撞机事故的发生。另外，还可以作为公安、消防部门的标志。

药物效果因性别不同而有所差异？

打雷要下雨，生病要吃药，此乃千古不易之理。咱们知道，每个人对药物都会有各自的反应。比如说，同样的药，有的人吃了效果很好，而有的人吃了却没什么用。

有意思的是，近年来的医学研究发现，药物竟然也有"性别"之分，同样的药，会因用药之人的性别不同产生不同的效果。男性定期服用阿司匹林后，心脏病发作的危险会相应减少；但女性服药后，则是发生中风的危险减少了。

美国杜克大学的药物学博士杰弗里·伯杰主持了这项研究。他发现，跟不吃阿司匹林的女性相比，定期服用这种药的女性发生中风的危险会减少17%。但在预防和治疗心脏病等心血管疾病方面，阿司匹林对女性却没什么效果。

与此相反，服用阿司匹林并不会降低男性发生中风或患脑血栓等疾病的风险，但却能有效降低男性心脏病的发病率。

医学界的其他一些研究也表明，药物确实有"性别"之分。比如，同样使用病毒唑气雾剂、环孢素气雾剂、麻醉剂、止痛药、抗凝剂、溶栓药等药物，女性的用药量需要比男性稍大一些才能达到相同的效果。而在使用偏碱性的抗抑郁药物时，要达到相同的效果，男性的用药量则要大一些。

在用药的副作用和不良反应方面，女性也多于男性。比如，同样服用扑尔敏等抗组胺药，女性更易出现犯困、嗜睡等副作用。

科学家们推测，这种差别很可能是男女两性的生理结构差异造成的。不过，医学界对这一现象的研究还不够深入。在不久的将来，药物也许会像化妆品一样，在包装上标上"男性专用"和"女性专用"。

夫妻一方犯错，道歉一次就够了？

夫妻一方犯错了，需要向对方道歉吗？在咱们的传统文化中，这个歉似乎是不需要道的。中国人向来讲究含蓄和实用。夫妻是最亲密的关系，一方犯错了，大家心知肚明，改了就行了。道什么歉呢！好歹给人家留点面子嘛！

不过，随着年轻人的思想日益国际化，生活中这些花花绿绿的事情也多了起来。夫妻一方犯错了，就直接承认自己的错误。只要不是原则性的错误，对方一般都会原谅的。

那么，需要道歉几次呢？不少小伙伴，尤其男性朋友，看到这个问题估计要疯了。道歉一次就已经够给对方面子了，难道还要道个五六七八次歉？这个问题因人而异。

如果你足够幸运，找的另一半性格开朗，先生很"Man"，太太很"汉子"，估计道歉一次就够了，或者根本不需要道歉。如果你不幸找了个心眼比针尖还小的另一半，可能道了五六七八次歉之后，对方还揪着你的一点小错不放。

不过，凡事总有个一般情况，比较极端的个例是咱们无法理解的。美国著名的婚姻学者哥特曼对此进行了长达数年的研究。他没事的时候专门观察夫妻或情侣吵架，然后看他们如何和好。

结果，这位没事找抽型的婚姻学者发现，大部分夫妻或情侣在吵架或就某件事情谈崩了之后，有错的一方道歉一次根本不够。哪怕只是说了一句令人不舒服的话，也需要至少4次正面、含有歉意的言语表达或是表情动作，对方才会真正打算原谅你。

包装日期后的字母组合才是生产日期?

国家食品和包装等相关法律规定，食品外包装上必须注明生产日期。细心的小伙伴会发现，很多食品包装上的生产日期后面会有一串诡异的字母组合，有的是单纯的英文字母组合，有的是字母和数字组合。

前两年，网上的很多论坛曾出现一则让人心生焦虑的帖子。发帖者声称自己是食品行业的从业人员，为了大众的健康，决定曝光食品行业的一个惊天秘密。帖子称，食品包装上的生产日期只是给消费者看的，真正的生产日期是后面的那串诡异的字母组合。

接下来，发帖者详细解释了破译字母组合的密码。"第一个英文字母代表年份：行业内规定 A：01年，B：02年，C：03年，以此类推……有的时候年份会省略。第二个英文字母代表月份：行业内规定A：01月，B：02月，C：03月……L：12月。第三个英文字母和数字代表日期：行业内规定1~9日前面加A：A1……A9；10~19日前面把1变成B：B0……B9；20~29日前面把2变成C：C0……C9；30~31日则变成D0，D1。"

比如，生产日期标的是2008年5月10日，后面的字母组合为HDC8H，那么真正的生产日期就是2008年4月28日。两者竟然相差12天。据说，生产商这样做是为了让商品的在架时间更长，增加销售量。

本着对某些食品生产商道德底线的高度怀疑，很多小伙伴坚信贴子所言应该是事实，至少不会是空穴来风。其实，这串字母组合一点也不诡异，它所代表的仅仅只是生产地、生产车间、生产工序或者生产工人等。

塑料容器上的三角形标号代表什么？

不知道小伙伴们注意到没有，饮料瓶等塑料容器的底部都有一个带箭头的三角形标志，里面还有一个数字。这个标志和里面的数字代表什么意思呢？

这个标志所代表的是塑料容器的材质和特点，需要咱们特别注意。1号表示瓶子是用PET制作的。这是目前使用最广泛的饮料瓶，通常是无色透明的，常用于灌装矿泉水、碳酸饮料、果汁等。需要注意的是，这种瓶子不耐高温，不能装酒和油，否则有害物质容易溶出来。

2号表示容器是用HDPE制作的。这种材质耐腐蚀性较强，通常用于药瓶、酸奶瓶、口香糖瓶。

3号表示容器是用PVC生产的。由于这种材质只能耐热81℃，极易产生有害物质，目前已经很少用于食品包装。有些保鲜盒或饭盒是用PVC生产的，最好不要购买。

4号表示产品是用LDPE生产的。LDPE不宜作为饮料容器，一般只用于保鲜膜、塑料膜、牙膏或洗面乳的软管包装。需要注意的是，这种材料的耐热性不是太好，超过110℃就会出现热熔现象。所以，如果食物需要在微波炉里加热，一定要先取下保鲜膜。

5号表示容器是用PP材料生产的。这种材料硬度高，表面有光泽，透气性好，

看看吧，你知道的那些都是错误的

耐热性也好，最高耐热可达167℃。咱们常见的饮料杯、塑料餐盘大多都是这种材料生产的。需要注意的是，温度太高的话，PP也会释放出对人体有害的气体。

6号表示容器是用PS材料生产的。这种材料的耐热性和抗寒性均较高，可用于生产冰品容器、快餐盒和方便面桶。但它不耐腐蚀，不能用于装酸性和碱性食物，否则会释放有害物质。

7号表示容器使用PC材料生产的，常见的有奶瓶、水杯等。它也有缺点，如对阳光比较敏感，不宜在阳光下直射；部分产品含有双酚A，破裂容易释放有害物质。

购物小票、签购单隐藏着健康风险？

生活离不开各种票据，购物小票、点餐小票、出租车小票、POS机签购单、ATM机存取款凭据以及各种自助系统的小票，每个人的兜里都会揣几张。在超市购物，手里提的东西太多，有的小伙伴甚至会将购物小票叼在嘴里。

你知道这样做有多大的风险吗？微博传言，经常接触这类小票有致癌的危险，其中可致癌的物质名为双酚A。双酚A是一种广泛使用的化工原料，可合成聚碳酸酯、环氧树脂。咱们常见的塑料瓶、水杯和化学纤维里都有这种物质存在。

造纸和印刷行业更是少不了双酚A。由于它受热熔化会产生氢离子，与热敏染料反应变色，在纸上显示信息，所以常被用作显色剂。常见购物小票、点餐小票等热敏纸票据里都有它的身影。

双酚A有类似激素的作用，属于环境雌激素。如果摄入过量，就会干扰身体正常激素功能，影响生殖系统发育，破坏内分泌系统平衡，严重超标还有致癌的风险。

那么，咱们平时接触各种热敏纸票据会摄入多少双酚A，会不会超标呢？瑞士苏黎世州食品监管局曾联合瑞士公共广播电台就此开展了研究。研究结果表明，在手指干燥的情况下，接触热敏纸5秒，手上会沾上1微克的双酚A；如果手上有汗或水，这个量会达到10微克。一个人如果一天接触热敏纸10小时，期间不洗手，约会沾上71微克的双酚A。

欧洲食品安全管理局的相关研究表明，每天摄入双酚A在每千克体重0.05毫克以下，是绝对安全的。这么算起来的话，即便是超市收银员，每天接触热敏纸10个小时左右，双酚A的摄入量也在安全范围之内。不过，为了健康，在接触购物小票等含有双酚A的热敏纸之后，最好洗洗手。手上有汗或者伤口时，尽量避免接触各种票据。

用银筷子吃饭，能测饭菜是否有毒？

武侠电影中经常出现类似的片段。一桌子饭菜摆上来，江湖经验丰富的人一副漫不经心的样子，不知道从哪里掏出一根银针，往菜里一插，满不在乎地说："不能吃，饭菜有毒！"

直到今日，银针或银筷子能够验毒的说法依然在民间广泛流传。推销银器的促销员在介绍银筷子的优点时，也不忘神秘兮兮地提醒你："用银筷子吃饭不会中毒，饭菜里如果有毒，筷子会变黑。"

银针或银筷子真能验毒吗？准确地说，这个方法在古代稍有用处，但也是"瞎猫碰死耗子"。搁现在，纯粹就是一个冷笑话，仅供娱乐而已。

看看吧，你知道的那些都是错误的

为什么这么说呢？在古代，人们广泛使用的毒药为砒霜，也就是咱们今天所说的三氧化二砷。这种毒药无嗅无味，而且毒性剧烈。急性中毒会出现恶心、呕吐、腹痛、便血、四肢痉挛、少尿、昏迷、呼吸麻痹，直至死亡。就算不死，也会留下诸多后遗症，如中毒性心肌炎、肝炎等。慢性中毒多表现为肝、肾损害和皮肤色素改变，时间长了也会引起死亡。

在自然界中，砷通常以硫化砷矿物的形式存在。古代炼取砒霜的方法比较粗放，生产工艺也比较落后，使得砒霜中伴有少量的硫和硫化物。银对硫非常敏感，一旦接触即会发生化学反应，生成黑色的硫化银。

如今，随着生产技术的进步，砒霜中已经不含杂质。没有了硫或硫化物存在，化学性质稳定的银也就不会变色了。由此可见，古人用银器验毒是受到历史与科学限制的缘故。

有的食物无毒，如鸡蛋黄，但里面含有许多硫，银针插进去一样会变黑。相反，含有亚硝酸盐、农药、毒鼠药、氰化物等的剧毒食物，就算插一万根银针，把食物插成刺猬，也不会有反应。现在明白了吧，银器验毒根本不靠谱。

洗衣粉放得越多，衣服洗得越干净？

以前，洗衣服是家庭主妇的专利。如今，这事儿几乎变得和吃饭、喝水一样，每个小伙伴都得沾沾手，除非你有一个勤快的好妈妈。女朋友和老婆，那都不管事，不让你给她们洗衣服就不错了。

洗衣服就离不开洗衣粉、洗衣液、肥皂之类的洗涤剂。很多小伙伴认为，这洗衣粉放得越多，衣服也就洗得越干净。真是这样吗？其实，这是一种误区。

洗衣粉是一种以表面活性剂为主要成分的合成洗涤剂。它之所以能把衣服洗干净，靠的全是表面活性剂。这种物质中有亲油基团，能将油污吸附"抓住"，并结合在一起。这种结合力会把油污直接"拉"离衣物表面。

此时，油污被亲油基团所包裹，而亲水基团则在最外层，形成了更大的"包裹"。因为亲水基团溶于水，所以在擦洗之下，它们与衣物分开，悬浮在水中，随排水而离开衣物。

如果洗衣粉放得太多，其中的亲油基团就会因为黏着而自成一个体系，它的外围会被亲水基团整个包围住。如此一来，亲油基团就无法与衣服上的油污接触，去污效果也会大打折扣。

另外，过量的洗衣粉将很难溶于水，导致洗衣粉大量残存于衣物及洗衣机内。这样不但损伤衣物，还会给人的皮肤带来伤害。要彻底把洗衣粉冲掉，浪费水和电不说，还会给环境造成更大的破坏。所以在洗衣服的时候，洗衣粉用量可参照洗涤剂上的说明，不必多放，放多了也没用。

洗完衣服后，顺手关上洗衣机门？

勤快的女士用洗衣机洗完衣服以后，除了把洗衣机里里外外都擦干净，还会顺手把机门关上，甚至再罩上机罩。对有孩子的家庭来说，这确实是比较保险的做法，不过同时也存在着健康隐患。

想必不少小伙伴会感到纳闷。这洗衣机都擦净了，又罩上了机罩，哪里来的健康隐患？擦干净之后，洗衣机里残留的水分不会马上蒸发干净。这个时候关上机门，再罩上罩子，就相当于把洗衣机关在了一个潮湿的封闭空间里。如此一

看看吧，你知道的那些都是错误的

来，细菌就会大量滋生，并在你下一次洗衣服的时候转移到衣物上，进而危害家人的健康。

洗衣机的洗衣桶外面还有个套桶，洗衣水会在这两个桶的夹层中间来回流动。夹层不容易清洁，时间长了会附着大量的污垢。这些污垢里就藏着各种致病的细菌与霉菌，它们在潮湿的环境下繁殖得更快。洗衣时，霉菌孢子随水流散布会污染衣服并传播到人体上，导致人皮肤瘙痒、过敏，甚至诱发皮炎。

因此，顶部开门的波轮洗衣机要用干抹布将里面的水擦干，侧开门的滚筒洗衣机还要把镶嵌在门口的垫圈中的水擦干。然后开着机门，让里面残留的水分蒸发干净。不用的时候，应该把过滤袋摘下来，晾在外面充分干燥。

顺便说一句，使用全自动洗衣机的小伙伴们，洗完衣服后一定要关闭水龙头，做到断水、断电。咦？选择全自动洗衣机图的就是一个方便，开关水龙头多麻烦啊！其实，开关水龙头也就是随手的一个动作，习惯就好了。如果不断水，管道老化很可能造成管道爆裂或漏水。如果遇到停水，恢复供水时压力突然增大，还可能导致水管和接头处爆裂、脱落，引起水淹事故。

葡萄糖是从葡萄中提炼出来的？

病人需要输液的时候，医生多半会在生理盐水中加一点葡萄糖。这是因为葡萄糖易于吸收，可直接为病人提供能量。在正常人的血液和淋巴液中，也有葡萄糖存在，含量在0.08%～0.1%。

咦？含量这么少啊！给病人直接吃点葡萄不就行了？葡萄中的葡萄糖含量确实比较丰富，但需要消化系统参与代谢才能吸收利用。说到这里，很多小伙伴肯定会认为，葡萄糖是从葡萄中提炼出来的特殊物质。

实际上，葡萄糖在自然界广泛存在，所有的植物中都含有这种成分。而它之所以被称为葡萄糖，主要是因为在葡萄中首次证实了它的存在。它在植物的光合作用和动物的新陈代谢过程中均扮演着重要角色。

葡萄糖以游离的形式存在于植物的浆汁中，尤其以水果和蜂蜜中的含量为多。可是，葡萄糖的大规模生产方法却不是从含葡萄糖多的水果和蜂蜜中提取的，因为这样做成本太高。无论是医用、口服的葡萄糖，还是用于食品工业的葡萄糖，都是从玉米或马铃薯淀粉中提取出来的。

以前的生产方法比较粗放。在100℃下用0.25%～0.5%浓度的稀盐酸使玉米和马铃薯中所含的淀粉发生水解反应，生成葡萄糖的水溶液，经浓缩后便可得到葡萄糖晶体。现在几乎完全采用酶水解的方法生产葡萄糖，即在淀粉糖化酶的作用下，使玉米和马铃薯中的淀粉发生水解反应，可得到含量为90%的葡萄糖水溶液，浓缩后可得到葡萄糖晶体。

汽车轮胎为什么要做成黑色的？

马路上的车辆川流不息，努力在为PM2.5做着贡献，实在是"劳苦功高"。不知小伙伴们注意到没有，这些PM2.5生产机赤橙黄绿青蓝紫，几乎囊括了所有的颜色，而轮胎似乎全都来自黑非洲——一律为黑色。轮胎为什么不能像车身那样，做成五颜六色的呢？这是怎么回事？

难道因为轮胎要在地上跑，地是黑的，轮胎怕脏，就做成黑色的了？当然不是。天然橡胶是白色或淡黄色的。这种橡胶弹性很好，但不耐磨。19世纪的时候，工程师们为了增强轮胎的耐磨性能，就往橡胶里添加不同的成分。这个时候，由于添加剂不固定，轮胎的颜色也五彩缤纷。

1915年，工程师们采用了碳元素与碳氢化合物高温凝聚的工艺。他们惊讶地发现，橡胶虽然呈现墨水般的纯黑色，但耐磨性却达到了前所未有的水准。从此，橡胶轮胎就进入了黑色大一统时代。

当然，任何时代都会出现非主流现象。20世纪30~40年代，欧美的一些年轻人为了显示与众不同，纷纷把轮胎的外侧壁用油漆刷成白色。60年代时，白色橡胶轮胎又见复苏。不过，由于白色橡胶轮胎的强度和耐老化性能较差，而且成本较高，很快就被淘汰了。

如今，新型橡胶防老化剂和白色以及浅色橡胶补强剂已经出现，黑色轮胎的大一统时代遭到了严重挑战。米其林轮胎公司就开发了几款彩色轮胎。只不过，彩色轮胎的制造工艺比较复杂，成本也比较高。所以，目前世界上的轮胎依然是黑色的天下。

也许在不久的将来，马路会成为彩色轮子的天下。不知到时候交警怎么办。整天看着五颜六色的轮胎，眼睛能受得了吗?

火车车次前的含义是什么?

外出旅行或者出差，我们经常需要乘坐火车。不知道小伙伴们注意没有，每趟火车都一个编号，也就是咱们通常所说的车次。车次是怎么定的，又代表什么意思呢?

先来看看首字母。C是"城"的汉语拼音首字母，表示城际动车组列车: 京津城际列车车次使用的就是C+4位数字，铁路系统标准念法为"城某某次列车"。

D是"动"的汉语拼音首字母，表示动车组列车。按车次划分，D1~D4000为跨局列车，D4501~D7300为管内列车。D4501～D4580次属于北京铁路局，D5001～D5050次属于沈阳铁路局，D5051～D5100次属于西安铁路局，D5401～D5700次属于上海铁路局沪昆线，D6001～D6500次属于济南局，D7001～D7300次属于广铁集团。铁路系统标准念法为"动车某某次列车"。

G是"高"的汉语拼音首字母，表示城际高速列车，车次采用G+4位数字。

Z是"直"的汉语拼音首字母，表示直达特别快速旅客列车，简称直特。这样的列车在行程中一站不停或者经停必须站但不办理客运业务。所有的直特列车都是跨局运营列车。

T是"特"的汉语拼音字母，表示特快列车，车次编号从T1到T9998。T1~T5000为跨局列车，T5001–T9998为管内列车。T5001～T9800次分属于哈尔滨铁路局、沈阳铁路局等他各大铁路局，T9801～T9998次属于增补车次。铁路系统标准念法为"特某某次列车"。

K是"快"的汉语拼音首字母，表示快速旅客列车，编号从K1到K9850。K1~K2000为跨局列车，K7001~K9850为管内列车，分属于哈尔滨、沈阳、北京、太原等全国各大铁路局或公司。

第七章
宠它一点，再宠它一点！

巧克力营养又美味，给狗狗多吃点？

不少爱狗人士一直秉承"爱它就给它最好的"原则，自己吃什么就给爱狗吃什么，自己舍不得吃的也给它吃。难道这就是传说中的"人狗情未了"？

不过，这可不是什么好事！这不，有人给狗狗吃代表爱心的巧克力，结果摊上大事了——狗狗跟得了羊癫疯似的，满地打转，上吐下泻。费了九牛二虎之力，好不容易才抢救过来。

巧克力由可可豆加工而成，含有多种甲基黄嘌呤的衍生物。咖啡因和可可碱就属于这类物质。可可碱会作用于爱狗的中枢神经和心肌，使其心跳速率骤升，从而引起多种中毒症状。

那为什么人类和宠物猫吃巧克力没事呢？答案很简单，人类和宠物猫不是狗。人和猫都能通过新陈代谢消化掉可可碱，但是狗狗的消化系统却没有这个功能。

狗狗吃了巧克力后感到不适，就会出现如极度活跃、呼吸困难、上吐下泻、小便次数增加等征兆。如果发现你的爱狗有这些症状，最好马上把它送到宠物医院就诊。如果不具备这个条件，比如家住偏远地区，那就自行对其进行催吐处理。

巧克力对狗狗的健康造成危害主要是取决于狗狗的体重和巧克力中可可碱的含量。烘焙型巧克力和黑巧克力中的可可碱含量比较高。如果狗狗吃的是这两种类型的巧克力，上述症状一般会在进食后6小时左右出现，其他种类的巧克力一般会延长至12小时。

催吐是最好的办法，但最好先咨询一下兽医。兽医都会根据狗狗的症状类型以及严重程度告诉您该怎么做。医生通常会提醒您先在狗狗的嘴里加点水。

除了催吐，还可以给狗狗喂食活性碳，帮助吸收残留的毒素。通常情况下，这两种方法都能很快见效。

猫咪不吃甜食，是不是生病了？

小朋友和老人都比较喜欢猫咪，工作繁忙的中青年中也有很多"猫粉"。养过猫咪的人可能都有这样的体会：猫咪嘴很馋，但却很挑食，尤其不喜欢吃甜食。刚开始养猫咪的人大多会有这样的担心：猫咪不吃甜食，是不是生病了？

其实，猫咪不吃甜食才是正常的，若吃甜食那才是真的生病了。不光咱们中国的猫咪不吃，老外的猫咪也不吃，连野外的猫科动物老虎、狮子也拒绝进食甜食。早在20世纪70年代，动物学家就发现猫咪不喜欢吃甜食。至于是什么原因导致的，研究者们一直也没能弄清楚。

2005年，美国莫内尔化学感觉中心的几位科学家，从6只猫科动物身上取得唾液和血液的样本，与其他哺乳动物的基因进行对比研究。结果表明，大多哺乳动物都能通过一个特定的基因来制造舌尖上的"甜味感受器"，享受甜甜的滋味。但6

只猫科动物体内的这一基因却失效了。也就是说，它们根本感受不到甜的滋味。

所有哺乳动物的舌头上都有感受器细胞，集中在一起就形成了味蕾。人类的一个味蕾有50~100个感受器细胞，可以感知5种主要的味觉，即咸、酸、甜、苦和皂味。大多数的哺乳动物的甜味感受器是由T1R2和T1R3两种蛋白质组成的，而猫科动物却缺少T1R2蛋白质。

这下终于水落石出了。猫科动物不喜欢甜食是因为它们的基因有缺陷，根本尝不到甜味。这么说来，猫科动物算得上是"残疾人士"了。

猫咪胡须长长了，给它修理修理？

猫咪生下来就长胡须，看上去很酷。胡须长长了，要不要给它修修面，让它看起来更年轻一些呢？苍天啊，大地啊，千万别这样做。不然的话，你的猫咪将变成一只肉陀螺。

猫胡须根部有极细的神经，稍稍触及物体就能感知到。因此有人把它比作蜗牛的触角，有雷达般的作用。当猫在黑暗处或狭窄的道路上走动时，会微微地抽动胡须，借以探测道路的宽窄，便于准确无误地自由活动。

有人认为在黑暗的环境中，猫胡须是通过空气中压力的细微变化来识别和感知物体的，可以作为视觉感官的补充。在漆黑的夜晚，猫咪能够准确无误地在各种缝隙中穿来穿去，靠的就是胡须。特别是在捕鼠时，胡子可帮助猫测量鼠洞大小，帮助猫咪捕鼠。

猫咪的胡须既是"探测器"，又是猫的"计量仪"和"卡尺"，可为猫提供很多方便。所以，千万不能剪掉猫咪的胡须。如果把它的胡须剪光的话，小猫咪将会失去方向判断能力，在原地打转，变成一只肉陀螺。

如果发现猫咪的胡须本身有折断的现象，最好把它拔掉，以促进新胡须的生长。折断的胡须对猫咪来说，作用已经不大。当然，出现这种状况的几率很小。小猫咪知道胡须是它的法宝，自然会小心翼翼地加以保护的。

猫咪舔毛只因为爱整洁，爱漂亮？

猫咪是很"爱整洁"的小动物。这在流浪猫和流浪狗身上就能得到印证。同样是流浪，狗狗多半会脏兮兮的，犹如动物界的乞丐。而猫咪却能够保持一身干净、整洁的皮毛，像是流浪的贵族。

这是因为猫咪有"梳理"毛发的好习惯。细心的小伙伴会发现，在猫咪的世界里，除了觅食和打盹，其他大部分时间都在用舌头舔毛发。难道猫咪如此爱整洁，爱漂亮吗？

当然不是。虽说猫咪很聪明，但还没有聪明到形成和人类一样的审美观。从生物学的角度来考察，猫咪舔毛是亿万年来进化的结果。

咱们知道，在自然条件下，猫咪身上会有寄生虫。猫咪没手，没法捉虫，更没地去打防疫针，只好用舌头来清理。在清理寄生虫的同时，皮毛上的灰尘、污垢也被清理掉了。所以，即便是流浪猫，看上去也都清清爽爽的，非常干净。

生物学家还发现，猫咪舔舐毛发也是它缓解压力的特殊方式。在受到主人的责骂之后，它们就会默默地做出舔毛发的动作。这样可以很好地稳定情绪，缓解压力。

另外一个作用则是散热或保暖。在炎热的夏天，人类会换上轻薄的夏装，猫

看看吧，你知道的那些都是错误的

咪也会。但它们的毛发毕竟比咱们的衣服厚多了，再加上汗腺不发达，它们所受的煎熬远比咱们沉重。被猫咪舔舐过的毛发会沾有一些唾液，而被蒸发掉的唾液就会带走猫咪身体上的一些热量，从而达到散热的目的。到了寒冷的冬季，舔舐毛发的动作又可以帮助猫咪维持体温，而达到保暖的效果。

猫咪是独居动物，不能同时养两只？

长期以来，人们都认为"猫咪是独居动物"。不知道这个说法是从哪里来的，反正影响非常之大，以至于很多爱猫的小伙伴都不敢在同一屋檐下养两只猫。万一它们野性大发，在家里大战起来，可不是闹着玩的。

可是，小区里散养的猫咪以及流浪猫都能很好地相处，有时候还会互相"梳理"毛发。这是怎么回事呢？难道猫咪和人类相处的时间太长，也开始过起社会性生活了？

其实，咱们长久以来对"喵星人"产生的误解太大。它们并不是独居动物，而是群居性很强的社会性动物。有人曾对城市里的流浪猫进行过跟踪研究，结果发现，猫咪的社会组织介于狮子和狼之间。

它们的社会等级森严，秩序明确，每一只猫都有自己独特的位置。通常情况下，母猫的社会地位是由它所生育子女的数量决定的；而公猫则要通过最原始的角逐，用力气决出胜负。一个群落有一只猫王，由公猫担任，对整个领地实施管辖，但并没有交配的优先权。

一个群落中的猫咪会互相梳理毛发，这是猫咪之间交流感情的特殊方式。有意思的是，它们在"尊老爱幼"方面有一套天然的秩序。母猫会通过给幼猫梳理毛发来加强情感联系，而幼猫已经成年的兄弟姐妹也会这样做。

当一只猫咪步入老年期后，很可能会因为四肢僵硬而够不到身体的所有部位。这个时候，如果它身边有另外一只年轻的猫咪，你会发现那只年轻的猫咪会主动帮助老年猫咪梳理毛发。难道这就是传说中的"老吾老以及人之老，幼吾幼以及人之幼"？

猫咪是肉食动物，为什么会吃草？

猫咪和它的亲戚老虎、狮子一样，都是肉食动物，但它们偶尔也会吃素。肉食动物吃素？开玩笑吧！如果告诉你猫咪主动选择的素食是草，你一定会认为，这已经不是玩笑，而是鬼扯了。

实际上，不管是在野生状态下，还是在家养状态下，猫咪都会偶尔进食一点绿色植物。所以，当你看到猫咪正在吃你辛辛苦苦栽培出来的观赏植物时，用不着大惊小怪，这是正常现象。

猫咪很爱干净，经常自己清理皮毛。这样做的好处是，即便是流浪猫，看上去也像是落魄的贵族，保持着高傲的气质。但猫咪在清理皮毛的时候也会吞下去很多毛，在肠胃里结成毛团，吐不出去，也拉不出来。这是很危险的事情。

不过，不用担心，猫咪自有妙计。此时，它会进食一点绿色植物。绿色植物中含有丰富的维生素和纤维素，叶面上满是绒毛，可以黏附在消化道的纤毛上，刺激猫咪呕吐，把毛团吐出来。

有时候，猫咪误食有毒食品或肠胃不适的时候，比如肚子里有了寄生虫，也会吃点青草，把令身体不适的东西尽早吐出来。

看看吧，你知道的那些都是错误的

研究发现，猫咪体内缺乏叶酸时也会进食青草。因为很多绿色植物的叶和茎中都含有这种虽不起眼，但异常重要的物质。

不过，并不是所有的草都能供猫咪食用。杜鹃花会引起猫咪恶心、呕吐、血压下降、呼吸急促、昏迷和腹泻；铁线蕨也含有令猫咪腹泻和呕吐的毒素；长春花会令猫咪细胞萎缩，白细胞、血小板减少，肌肉无力，四肢麻痹；文殊兰含有引起猫咪神性统麻痹的毒素。绣球花、夹竹桃、水仙花、飞燕草、风信子、万年青、牵牛花等植物也会让猫咪陷入中毒状态。

所以，小伙伴们最好把猫咪和这些植物隔离开来。同时为猫咪种植一些富含叶酸的植物，如小麦草、燕麦、木天蓼、樟脑草、鱼腥草等常见的猫草。

猫砂盆放在厕所角落，安静又卫生？

在野生状态下，猫咪拉臭臭的时候会找个偏僻、安静的地方，先挖个坑，拉在里面，然后再弄点土埋起来。真是动物中的小资，连拉个臭臭都这么有情调。

宠物猫保留了这一习性，但悲催的是，它们挖不动地板，也没办法溜出去，一边解决"三急"，一边欣赏风景。那怎么办呢？养猫的小伙伴都知道，咱得给它配上一个猫砂盆，也就是猫咪的厕所。

把猫咪的"厕所"设在什么地方呢？这是一个大有讲究的问题，既得方便猫咪，也得考虑主人的健康。很多小伙伴本着一视同仁的原则，常常把猫砂盆放在卫生间里。这看起来是个不错的选择，卫生间本来就是解决"三急"的地方嘛！

殊不知，这样做存在很大的健康隐患。卫生间一般都比较潮湿，再加上没有阳光照射，放在角落里的猫砂盆很容易滋生蚊虫和细菌。人也有三急啊，一天上几趟厕所是少不了的。旁边摆着一个满是细菌的猫砂盆，很容易被感染。

更为重要的是，猫咪很聪明，会记住猫砂盆的位置。如果你起初把它放在卫生间里，就不能贸然挪动它的位置。否则的话，猫咪会无所适从，焦躁不安，甚至在房间里随地排便。

专家建议，最好把猫砂盆放在半封闭的阳台上。那里不但能给猫咪带来安全感，而且通风良好，光照充足，不易滋生细菌。再加上，咱们通常会在阳台上摆放些花花草草，猫咪"办起事"来也会心情舒畅。

猫咪不经常出门，不用打疫苗？

咱们经常能够看到牵着狗，甚至牵着宠物猪散步的人，但从来没有看到过遛猫的。这"喵星人"性格孤傲，俨然是兽中的贵族。主人对它再好，它也只会蹭蹭你的裤脚、舔舔你的脸，想要在它脖子上挂条绳子牵着遛，那是门都没有。

话说，爱猫之人就算养再多的猫，大多时候都会把它们关在家里。于是，一些人便理所当然地认为，猫咪既然不出门，没有和其他猫咪接触的机会，没有感染传染病的机会，也就不用给它们打疫苗了。

其实，这个想法大错特错。传染病传播的途径包括直接传染、间接传染和自发感染3个途径。猫咪不出门，不会直接接触其他猫咪，也就不会通过第一种途径感染疾病。

但需要注意的是，亲戚朋友间的互相往来，主人外出工作，都可能将病原菌带到家里。比如，手上、衣服或者鞋底沾上的病菌很有可能留在室内，造成猫咪间接感染。

即便猫咪生活的空间相对封闭，连间接感染的可能性都大大降低，但却无法排除自发感染的可能。很多猫咪天生就携带某些传染病的病菌，只是暂时没有发病。一旦受到某种因素干扰，猫咪的免疫力下降，它们体内的病毒就会肆虐起来，令猫咪感染疾病。

研究表明，目前对猫咪威胁最大的传染疾病是狂犬病。别看这种病毒是以狗狗的名字命名的，但猫咪感染致死的病例却是各种家畜中最多的。考虑到这种疾病的高致死率以及对人类的威胁，所有猫咪都应该接种狂犬病疫苗。

定时遛狗好，还是不定时遛狗好？

对爱狗人士而言，狗狗已经跨越宠物的界限，成了家中的一员。散步的时候，小伙伴们也会带上心爱的狗狗，让它也出去遛遛弯。说到遛狗，很多人都纠结。到底是定时带出去遛好呢，还是不定时遛好呢？

这个问题没有标准答案，主要取决于个人的时间安排。如果你不用出去工作，除了吃吃饭、睡睡觉，就只是散散步、看看电视的话，还是定时定点遛狗为好。这样，既有利于狗狗养成定时定点排泄的好习惯，也能让它交到一些固定的"好伙伴"。

问题是，大部分小伙伴，尤其是青年朋友，时间都不是那么自由。咱们必须得出去工作！难道要啃老吗？话说，这啃老也是要有资格的。如果你不是富二代，还是老老实实出去干活吧！

好了，言归正传。如果你定时定点遛狗，而某天到了时间没办法带它们出去，它们就会非常吵闹。狗狗是很聪明的动物，对时间非常敏感。如果你每天早晨6点，下午5点各带它出去一次的话，只要持续几天，它就会记住这个时间。

此后，每当接近"散步时间"，狗狗就会做好出门的准备。如果你刚好在忙，它就会不断催促你，并且显得焦躁不安，甚至持续吠叫，犹如一个被惯坏的孩子。

小伙伴们都知道，大家的工作压力都比较大，情绪容易激动。狗狗一叫，势必会引起邻里的抗议。为了不打扰邻里的生活，主人只好放下手头的工作，立刻带着狗狗出去散步。

如此一来，人遛狗就成了狗遛人，主人的领导地位何在？也就是说，如果你的时间不是那么自由，最好不要定时遛狗。无论几点出去散步，狗狗都必须配合主人。有的时候，甚至可以"今天不出门散步"。只要不在一个固定的时间遛狗，狗狗就不会焦躁不安，也不会在特定的时间吠叫。

猫、狗经常互相抢食，乐趣多？

虽说"汪星人"和"喵星人"犹如一对天敌，见面就掐，但真要是在一个屋檐下处久了，也能成为"好基友"。不少喜欢小动物的家庭同时养着这两种动物。有时候，看着它们在一起打闹，互相抢食，也算是一种乐趣。

偶尔抢食确实没什么问题。不过，需要注意的是，"汪星人"和"喵星人"的生理结构不同，所需要的营养成分也略有不同，最好不要让它们长期互吃对方的食物。

与"汪星人"相比，"喵星人"生就了一副大小姐的身子，相当娇贵。它在饮食中必须摄入较高量的蛋白质、维生素B和牛磺酸等。牛磺酸能够保证猫咪在晚上能够看清东西，如果缺少了牛磺酸，它的视力会变得模糊，甚至诱发心脏疾病。而喵星人的身体是无法合成这种物质的，必须从食物中摄取。

虽然在野生状态下，没有营养师专门在它的食物中添加牛磺酸，但它们会抓老鼠。老鼠体内有这种物质的存在。这就是食物链的奇妙之处。狗狗不需要牛磺酸，对蛋白质的需求也没有猫咪那么苛刻。所以它的食物并不适合"喵星人"吃。

反过来也不行。因为猫食中丰富的营养成分和较高的能量会让狗狗迅速吃成一个胖子。所以，猫、狗应该分盘而食，最好在不同的房间进食，以免互相抢食。

需要强调的是，如果你给宠物狗、猫吃的是专门的宠物食品，就无须给它们补充某种营养元素了。不管是干粮，还是罐头，都是根据宠物的需要开发的全价平衡食品。这里面含有猫、狗各生命阶段所需要的一切营养物质，而且各营养成分之间的比例搭配合理，有利于营养成分的充分消化和吸收。

如果另外给它们补充某种营养成分，那就是好心办坏事了。这样会破坏宠物食品的全价平衡性，影响各种营养成分的吸收，或导致宠物肥胖，或引起某些营养疾病。

常给猫、狗更换食物，改改口味？

小伙伴们吃东西都喜欢尝新鲜，今天来点小龙虾，明天就换冬瓜炖排骨……想想也是，再好吃的东西连吃一个星期也受不了。很多小伙伴担心自己的爱狗、爱猫总吃一种食物，也会吃腻，便寻思着给它们换换口味。

殊不知，频繁给爱狗、爱猫换粮其实是在折磨它们。狗狗和猫咪采食有其习性和嗜好，对新食物有适应期。在食物突然发生变化的时候，它们消化道里的酶种类和数量也需要进行适应性地调整，以适应这种变化。研究表明，这种调整过程一般需要2~3天。

如果突然换食，往往会出现两种情况。一种是食物的口味好，适合猫、狗的嗜好，导致它们大量采食，尤其是幼犬、幼猫，从而引起呕吐或腹泻。如果治疗不及时，有可能因严重脱水而造成死亡。另一种情况是口味不佳，猫、狗不爱采食，影响发育和健康。

正确的换食方法是，开始时仍以原食物为主，加入少量新食物，然后逐渐减少原食物，增加新食物，直到全部换成新食物。

有些小伙伴还喜欢用自己的食物来喂养宠物。自己吃什么，就给宠物吃什么，这关系多好啊！经过数千年的驯化，猫、狗也吃人类的食物，但这只能维持它们的生存，而无法喂养出高质量、高素质、体格健壮的宠物。

由于生理结构不同，人类和猫、狗所需要的营养成分也略有差异。适合人类的食物未必适合猫、狗。对宠物而言，人类的食物中经常存在某种营养成分过剩或不足的情况，很难做到营养均衡。

宠物食品都是全价平衡食物，能100%地为"汪星人"、"喵星人"提供它们需要的一切营养成分。现在已有大量的实验数据表明，长期食用宠物食品的猫、狗最健康，寿命最长。

狗身上没有汗腺，只能伸舌头散热？

炎热的夏季，狗狗大多时间都趴在地上，吐着长长的舌头，"呼呼"地喘着粗气。在咱们的常识里，这没什么奇怪的。因为狗狗身上没有汗腺，只有鼻头和舌头上有少许汗腺。所以，它们必须在天气炎热时伸出舌头，用急促喘气的方式散发身体内的热量，达到降温的目的。

狗是高等哺乳动物，体温是恒定的。如果无法维持恒定的体温，便无法以健康的状态生存下去。当遇到气温上升，或者因生病发烧导致体温上升时，哺乳动物就会自然而然地将体内的水分散发到体外进行散热，即发汗。有意思的是，这个过程并不受自我意识的控制。

然而，狗狗鼻头和舌头上的少量汗腺貌似和它的身体不成比例，不禁让人沉思："这么少的汗腺够用吗？"

这个想法有点多虑了。其实，狗狗身上有两种汗腺，即大汗腺和小汗腺。大汗腺（又称顶浆腺）分布于脚底以外的全身皮肤，而小汗腺（又称泌尿腺）则只分布于脚底的皮肤。两种汗腺都能分泌汗液。大汗腺会分泌一种略微黏稠的液体，但散热作用貌似很差或者根本没有散热作用。这些液体往往是无味的，但经过细菌的加工，就会散发出特别的气味，即咱们平日里所说的"狗味"了。

狗狗的四肢末端分布有小汗腺，而灵长类动物的全身都有小汗腺。不过，全身布满汗腺的猴子也无法像人类一样体会"瀑布汗"的感觉，这是人类独享的生理功能。狗狗四肢上小汗腺的主要功能也不是散热，而是为了保持脚掌的湿润，以便将自己的气味溶解在汗液中，在地面留下痕迹。

正因为狗狗身上的汗腺散热功能不佳，身上又覆盖有厚厚的皮毛，所以才需要通过舔毛发、伸舌头、流唾液、呼吸等方式加强散热。不管怎么说，以往认为狗狗身上没有汗腺的常识都是错误的。

多给狗狗洗澡，保持体表清洁？

现在的人越来越讲究卫生，尤其是养了宠物的小伙伴们。没办法，和爱狗共处一室，不经常打扫的话，家里的味啊……很容易让人怀疑闯进了公共卫生间。

为了让家里的空气更清新、狗狗的体表更干净，很多小伙伴会频频给狗狗洗澡。给狗狗洗澡无可厚非。狗狗虽然有舌舔被毛的自我清洁习性，但远远达不到卫生标准。它身上长长的毛发很可能会和污秽物缠结在一起，招致病原微生物和寄生虫的侵袭，导致生病。

不过，话说回来了。狗狗的皮肤与人类皮肤的结构、质地完全不同。它们的皮肤比人类薄得多。研究表明，狗狗的皮肤只有3~5层，而人类的皮肤达13~14层。更重要的是，狗狗身上的汗腺不发达，无法像人类一样体会"瀑布汗"带来的惬意。如果频频给狗狗洗澡，反而会破坏它身上的天然保护油脂，诱发多种皮肤病。

那么，多长时间给狗狗洗一次澡为宜呢？这要具体情况具体分析。通常情况下，不满3个月的幼犬冬季不需要洗澡，夏季一个月洗一次就够了。对3个月以上的狗狗来说，夏天可以2~3周洗一次，冬天一个月洗一次。气温偏高或者特别潮湿的情况下，也可以1~2周洗一次。

很多小伙伴还喜欢用自己使用的洗发水或者沐浴露给狗狗洗澡。这种做法也是不正确的。人类的皮肤偏酸性，而狗狗的皮肤偏碱性。用咱们使用的洗发水或者沐浴露给狗狗洗澡容易让狗狗的皮肤干燥、老化或者脱毛。

看看吧，你知道的那些都是错误的

最好选用专门为狗狗研发的清洁产品。如果实在买不到，也可以选用人用中性洗发水，且必须是无香精、无去头屑功能的产品。最好使用品质温和的婴儿沐浴露。

世界上是先有鸡还是先有蛋？

世界上是先有鸡还是先有蛋呢？这个问题困扰了人类几千年，或许更久。说不定在史前时期，咱们某位伟大的原始祖先就一边吞着生鸡肉，一边思考过这个终极问题。

在一般情况下，讨论"先有鸡还是先有蛋"这类循环因果的问题是徒劳的。如果说先有蛋的话，那这只蛋是谁生的？如果说先有鸡，那孵化这只鸡的鸡蛋又是哪里来的呢？古希腊伟大的哲学家亚里士多德也曾考虑过这个问题。但他表示，这个问题让他很费解，最后得出的结论是："这两者都必然是一直存在着的。"

现在，这个问题终于有了答案。据美国生活科学网报道，加拿大阿尔伯塔卡尔加里大学古生物学者达拉·泽冷斯基终结了这个持续数千年的争论。通过对7700万年前的恐龙蛋化石的研究后，他宣布这个千古谜题的答案是先有的蛋后有的鸡。

恐龙首先建造了类似鸟窝的巢穴，产下了类似鸟蛋的蛋。然后这些蛋孵化出来的一些爬行动物为了适应环境，不断发生基因突变，逐渐进化成鸟类。这些原始鸟类每繁衍一代就会发生一次基因突变。当最接近鸡的那一代鸟生下了蛋，鸡蛋就诞生了。因为这种蛋已经具备了鸡的全部基因特征。

再然后，这一代最接近鸡的鸟类就用那些已经完全具备鸡的基因特征的鸡蛋孵出了世界上第一批鸡。先有鸡还是先有蛋的问题有了个结论，科学家们会不会感到寂寞呢？不会，他们现在又开始关注另外一个终极问题了：是先有的恐龙还是先有的蛋？

在短跑比赛中，人比马跑得更快？

马是一种善于奔跑的动物，所以才会成为人类历史上最重要的"交通工具"之一。如果有人问你，人和马哪个跑得更快，你一定会觉得提问者愚蠢至极。答案很明显嘛。如果人跑得比马快，为什么要用马来当交通工具呢？

这个世界上喜欢较真的"无聊"之人还是挺多的。1979年冬，在英国小镇切拉·纽尔蒂德·威尔斯，酒吧老板高登·格林就和猎人格林·琼斯就在这个问题上争论了起来。但争来争去，也没个结果。最后，两人约定在第二年夏季来一场真正的人马大赛。

1980年夏季，15匹马和50个人在镇子外第一次站到同一起跑线上。比赛距离为22英里，约34.5千米。结果，猎人琼斯骑着他最快的一匹马，轻松胜出。

有意思的是，这件事情并没有就此结束。因为这项世界上唯一一项人与动物的比赛吸引了众多"无聊"之人。此后，人马大赛每年都举办一届。在30多届比赛中，人类跑赢了两次。2004年，英国马拉松运动员洛布第一次战胜了赛马。2007年，一位来自德国的马拉松选手再次战胜赛马，夺得冠军。

如此说来，还是马匹赢得了比赛。不过，如果换成短跑的话，胜出的就是人类，而非马匹了。马确实善于奔跑，但它们的长项是耐力和稳定的速度。跟人类相比，它们初始速度和加速度都没有什么优势。

如果把比赛距离缩短为100米，或者更少，比如50米。人类胜出的几率将大大增加。美国短跑名将杰西·欧文斯曾和马比过一次100码（91.44米）的赛跑。结果，欧文斯以绝对优势赢得了比赛。

鸭子的嘎嘎声不会产生回声？

在空旷的房间或山谷里说话，声音会被墙壁或山体反射回来，形成回声。这是基本的物理常识。可是，20世纪初之时，却有报道声称：鸭子叫声没有回音。时至今日，这一说法依然在微博或论坛上广为传播。科学讲究的是证据，没有证据不能乱说。倘若被转发500次，这都能构成谣言了。

不管你信不信，很多发明家都曾经因为这个说法而感到振奋，瞬间充满灵感。回声在很多场合都会给人类的生活带来困扰，比如歌剧院里的回声会影响收听质量，机场或候车室里的回声会搅得旅客头昏脑涨。如果鸭子的叫声真能自动消除回声，是不是可以模仿其生理机制，发明一种没有回声的扬声器呢？

不少喜欢"异宠"的人士也兴奋不已，打算养只鸭子宠物。没有回声的宠物，多酷啊！然而，英国索尔福德大学的一项研究粉碎了这些发明家和"异宠"人士的美梦。

研究人员把一只叫黛西的鸭子带进专门用于声学测试的混响室。顾名思义，混响室能增强室内的混响，即增强回声效果。然后又把鸭子赶进消音室，分别录下它的叫声。

经过对比，研究人员发现，鸭子的叫声和其他声音一样，都会产生回声。只不过，由于它"呱呱"的叫声比较特别，使人误以为它的叫声不会产生回音。

鸭子的叫声比较长，而且是逐渐衰减的，它的回声从墙上反射回来后会和鸭子本来的叫声重叠在一起，听起来就像没有回音一样。它最后的叫声已经很弱，反射回来的声音就更加弱了，单凭耳朵几乎听不到。正因为如此，人们在过去才误以为鸭子的叫声是不会产生回音的。

金鱼不知饥饱，会把自己撑死?

咱们中国人会玩，而且玩得雅致。琴、棋、书、画，花、鸟、虫、鱼，信手拈一样过来，想玩到极致都得几十年的时间。如今，玩鱼的小伙伴比较多。家里要是不摆上一缸鱼，瞬间就少了许多生气。

玩鱼玩得最多的是金鱼。这主要是因为金鱼便宜、好养。花几块钱买几条金鱼，放在鱼缸里，只要定时喂食、换水，玩个几年不成问题。说到金鱼，小伙伴们可能都有这样的印象，这玩意儿不知饥饱，喂多了会把它撑死。

金鱼真的不知饥饱，会一直吃，直到把自己撑死吗？如果真是这样，它也太傻了吧？金鱼是由鲫鱼驯化而来的观赏鱼类。鲫鱼属于无胃鱼，所有的消化功能都是由肠道完成的。更加悲催的是，鱼类的肠道普遍较短，只有身长的两倍左右。相比而言，陆生动物就幸运得多，它们的肠道普遍达到了身长的5~6倍。

没有胃，肠道又短，这就意味着鲫鱼等鱼类的消化能力和容纳能力都比较差。大概正是因为这个原因，无胃鱼的饱食感往往比较迟钝。只要食物充足，它们通常会吃得比需求量多一些。咦？这不正是不知饥饱吗？

NO！反应慢并不意味着不知饥饱。更何况，鱼类的肠道如此之短，一旦撑着

看看吧，你知道的那些都是错误的

了，它的肛门就会派上用场——它们可以一边吃，一边排泄。看到没，肠道短也有短的好处。也就是说，鲫鱼以及由其驯化而来的金鱼并不会把自己撑死。公园里养的金鱼，不但有吃不完的水草、昆虫，还有游客投喂的大量食物，要是会被撑死的话，早就绝迹了。

不过，如果你无节制地喂食，金鱼虽不会被撑死，但却会因缺氧而死。饱食后的金鱼为了消化食物，身体的需氧量会比平时高一些。而残留在水中的食物经细菌分解，也会消耗掉大量氧气，导致水中溶氧量不足，致使金鱼缺氧而死。

鱼的平均记忆只有7秒的时间?

很多小伙伴都喜欢养金鱼。工作了一天，回到家里看到五颜六色的金鱼在鱼缸里快活地游来游去，心情顿时好了不少。小小的鱼缸只有方寸之地，鱼儿整天在里面傻乐呵，永远那么兴致勃勃。

据说这是因为鱼的平均记忆只有7秒，7秒之后它就不会记得曾经的事情了，所有的一切又都会变成崭新的开始。所以，在那一方小小的鱼缸里面，它永远都会兴致勃勃，永远都不会觉得无聊。

仔细想想，好像还真是这么回事。不过，如果告诉你这个说法的来源，你可能就不会这样认为了。鱼的记忆只有7秒的说法出自一篇励志小品文，就是那种满世界泛滥的"心灵鸡汤"。哦！原来是"心灵鸡汤"啊！

鱼是比较低等的脊椎动物，智商确实比较低。但如果它们的平均记忆只有7秒的话，一些低等鱼类的记忆岂不是只有两三秒，甚至更少。如果这样的话，它们好不容易找到一点食物，咬到嘴里，瞬间就会忘了嘴里含着的是什么东西了。

这样的话，岂不是要把食物吐出来，看一眼，然后再咬到嘴里。然后又忘记了，又吐出来确认……如此循环往复，最终被活活饿死。

其实，早在20世纪60年代，美国密歇根大学的生物化学家就对的鱼的记忆能力进行了研究。他们把许多金鱼放在一个很长的鱼缸里，然后在鱼缸的一端射出一道亮光。20秒后，在放光的一瞬间释放电流。

结果，金鱼就对电击形成了记忆，当它们看到光的时候，不等电流释放到水里，就会迅速游到鱼缸的另一头，以躲避电击。这一情形整整保持了1个月的时间。

既然科学家早就对此进行了研究，为什么很多小伙伴还会有"鱼的记忆只有7秒"的错误常识呢？这主要是因为"心灵鸡汤"永远比死板的实验数据传播得快！

鸟妈妈拒绝沾染人类气味的幼鸟？

幼时常听到这样的告诫："不要摸巢里的小鸟。因为幼鸟的身上一旦沾染人类的气味，鸟妈妈就不再要这个孩子了。"

气味确实是哺乳动物辨认亲缘关系的重要标识之一。狮子、猫、老鼠等哺乳动物都有杀婴行为。一旦它们的幼崽沾染上异味，这些"狠心"的母亲就会弃之不理，甚至将其咬死、吃掉。

不过，这个发现并不适用于鸟类。英国皇家鸟类保护协会曾发表声明："人类触摸鸟类不会让鸟类的父母拒绝接受它……鸟类几乎没有嗅觉。"

生态学家大卫·米泽朱斯基在他的著作《吸引鸟类、蝴蝶和其他在后院出现的野生动物》一书中也支持了这一观点："小鸟的父母不会因为人类的气味就拒绝接受自己的孩子……大多数鸟类嗅觉能力不佳，它们大多数无法闻到人类的气味。"

事实上，据生物学家马琳·朱克介绍，鸟类的嗅觉是如此之差，大多数鸟类甚至无法识别自己的孩子，以至于它们会继续喂养在它们的鸟窝中假装是它们孩子的"冒充者"。

据英国皇家鸟类保护协会介绍，如果人们发现一个小鸟掉在了地上，他们不应该假设小鸟被自己的父母遗弃了："人类最好的处理方法是不要进行干涉。它的父母可能会认为情况是安全的时候尽快回来召回小鸟。"

然而，如果人们还是认为小鸟可能受到伤害，那么将小鸟带到附近的安全地带也是可以的，但前提是不要把小鸟带到遥远的、其父母无法找到的地方。

蟋蟀的鸣叫次数可以用来测量气温？

秋风起，蟋蟀鸣。蟋蟀，很多小伙伴在童年时代都玩过。这种小东西既善于鸣叫，又极爱打斗，拿来玩玩也不失为一种极佳的业余休闲方式。

不过，咱们平日里尽让它们打架了，却忽略了它的另外一项本领——测量温度。1890年，美国物理学家埃米尔·多贝尔在《美国自然》杂志上发表了一篇文章，专门论述了蟋蟀叫声和温度的关系。他发现，蟋蟀每分钟鸣叫的次数减去40，除以7，再加上10，就是当时的摄氏温度。这一发现被人们称为多贝尔定律。

不过，这位物理学家也指出，这个公式的成立是有一定的温度范围的。一般来说，当温度在7℃～32℃时，这个公式才能成立。当温度低于7℃时，蟋蟀由于行动迟缓，一般不再鸣叫或叫声变得迟缓；而温度超过32℃时，蟋蟀又需要大幅减少鸣叫次数，以节省能量。

咱们中国也有人做过类似的实验。得出的公式虽然和多贝尔的计算方法稍有差异，但结果还是比较接近的。只不过，在咱们的传统文化里，玩蟋蟀多少有点玩物丧志的意味，这个小发现也没能成为什么定律。

其实，这个所谓的多贝尔定律在当今社会还真没多大用处。想知道实时温度的话，掏出手机，手指轻轻一划，点一下应用软件，精确的数据就出来了。再不济，花几块钱买个温度计，也比算来算去省力得多！但话说回来了，闲来无聊的时候，听听蟋蟀的叫声，算算温度，也是一种乐趣。

温水煮蛙，从量变到质变的堕落？

提起"温水煮蛙"，小伙伴们想必都不会陌生。据说，把一只青蛙扔到一锅开水里，它会因剧烈的疼痛，奋力一跃，逃出生天。如果把青蛙扔到一锅温水里，慢慢加热，青蛙会舒舒服服地在锅里游来游去。等它发现太热时，已经失去了力量，无法跳出来了。

这个类似心灵鸡汤的小实验被人们引申出了许多做人的道理。比如，"生于忧患，死于安乐"；又比如从量变到质变的堕落。且不管它说明了什么人生道理，咱先看看这个结论本身能否站得住脚。

在正常情况下，水温要达到100℃以上才会沸腾，也就是咱们常说的开水。翻滚的开水，再加上弥漫的水蒸气，足够让青蛙丧失运动能力了。也就是说，它逃出生天的可能性小之又小。至于几十摄氏度的热水，估计它还是能够跳出来的。

至于温水煮蛙，确实有科学家做过实验。美国俄克拉荷马大学的动物学教授霍奇森为研究两栖动物对温度的反应，曾把青蛙放在冷水（在本质上和温水没什么区别）里慢慢加热。青蛙是变温动物，体温会随着环境温度的变化而变化。霍奇森教授想看看青蛙能够耐受的最高温度是多少。

霍奇森选定的加热速率是每分钟2华氏度，也就是差不多1.1℃。结果，他发现到了一定的温度后，青蛙就会躁动不安，试图逃离。如果装载的容器允许，也就是你没有盖上锅盖，青蛙是会跳出去的。这个实验表明，广为人知的"温水煮蛙"是错误的。

不过，也有科学家认为，如果加热的速率足够低，比如每分钟0.2℃或者更低，青蛙无法感知温度的变化，最终会被慢慢煮死。这大致相当于人类的"感觉适应"。从这点上来说，"温水煮蛙"的故事又有一定的道理。但这里的温度变化速率已经超出了咱们日常生活"煮"的概念。

狗尿撒到轮胎上，车胎就会爆掉？

江湖传言，狗狗如果抬腿在轮胎上标记领地，"到此一游"，很可能会发生爆胎，增加交通隐患。这是真的，还是假的？一泡狗尿能闹出这么大的动静？很多小伙伴对此深信不疑，振振有词地说："一只蝴蝶在大西洋振翅，将会在太平洋上引起一次飓风……"

嘿，貌似很有道理哦！坚持这一说法的人宣称，由于大多狗狗都有偏食的小毛病，或偏爱肉食，或偏爱素食，很少能够做到"膳食平衡"的。这也没什么好奇怪的，它们毕竟只是狗狗而已！如果它们有意识地去追求膳食平衡，那才恐怖呢！

偏爱肉食的狗狗尿液呈酸性，偏爱素食的狗狗尿液呈弱碱性。如果这只狗狗懂得养生之道，追求"膳食平衡"，尿液应该恰好呈中性。不过，出现这种情况的几率小之又小，几乎可以忽略不计。

当酸性尿液被"射"到轮胎上时，其中的酸性物质就会腐蚀轮毂和轮胎。碱性尿液对铁质轮毂的影响不大，但对橡胶轮胎的破坏力却非常之大。而侧面恰好是轮胎最脆弱，也是狗狗能够尿到的地方。当汽车主人开着这样的车在高速公路上疾驰时，很有可能因为一泡狗尿而发生爆胎，威胁到人身安全。

咦！别说，看起来还真的挺科学的！实际上，轮胎的强度、弹性、耐磨性和抗老化性能一般都比较高，狗尿的酸碱度根本不足以对其产生腐蚀作用。如果它们的尿液真有这么强大的腐蚀性，它们的尿道早就糜烂不堪了。

再说，轮胎表面的橡胶主要起到耐磨和减震的作用，真正对强度起决定性作用的是胎体内部的增强纤维织物等。也就是说，即使狗狗的尿液对轮胎有一定的腐蚀作用，但不会因此而发生爆胎。

"人兽杂交"，会生出"人形怪兽"？

"人兽杂交"已经不属于生活常识的范畴了。不过，咱们这里还是说道说道，满足一下小伙伴们的猎奇心理。网络上有不少"人兽杂交"的传言，比如前苏联的"人猿杂交"实验、亚马逊丛林深处介于拉布拉多犬和人类之间的奇特物种、俄罗斯某洞穴中的猪人、意大利的人犬……各种说法，离奇诡异，荒诞不经，但又都有细节、有照片，看上去跟真的似的。

其实，稍具生物学常识的人都知道，这是不可能的事情。在自然界中，由于

看看吧，你知道的那些都是错误的

遗传等因素，即便是亲缘关系很近的种群，比如人类和类人猿，也不可能产下后代或不能产下可以生育的后代。这是生物进化的自然选择，被生物学家们称为生殖隔离。

骡子、狮虎兽和虎狮兽皆是在人工干预的情况下诞生的特例。不过，它们也都没有生育能力，是典型的"杂种不育"。在生物进化过程中，生殖隔离的意义非常重大。正是因为有了生殖隔离的存在，各个物种的基因库才能够在一定程度上独立稳定地遗传下去，而不会因为杂交而丧失特征。也正是因为有了生殖隔离的存在，才有可能出现新的物种。否则的话，早在人类出现之前，地球就已经成为一种最具杂交优势的动物的天下了。

至于使用非常高端的基因工程，从理论上来说是可能制造出"人形怪兽"或"基因改良婴儿"的。不过，这已经脱离了杂交的范畴。而且，在现实生活中是不可能制造出"人形怪兽"或"基因改良婴儿"的。一方面，目前的技术力量远远没有达到这一水平；另一方面，这面临着法律、社会、伦理等各方面的阻力。

北京时间就是北京当地的时间？

"……嘀，刚才最后一响，是北京时间×点整"。这是收音机里的整点报时，每一个小伙伴都耳熟能详。

中国跨越5个时区，即中原时区、陇蜀时区、新藏时区、昆仑时区和长白时区。中原时区以东经120度为中央子午线；陇蜀时区以东经105度为中央子午线；新藏时区以东经90度为中央子午线；昆仑时区：以东经75(82.5)度为中央子午线；长白时区以东经135(127.5)度为中央子午线。

一个时区的"标准时"，只是一个大地区的统一时间，大家共同遵守的"人工"时间而已，并不是该时区内每个地点的"本地时间"——真正的经度时。

中原时区包括内蒙古、辽宁、河北、山西、山东、河南、安徽、江苏、湖北、湖南、江西、浙江、福建、广东、海南、香港、澳门、台湾。这个大地区当时钟敲响正午12点时，只有位于东经120度线上的地点才是12点，其他的地方是少于或多于12点。如香港位于东经114度10分，比东经120度偏西5度50分，其真正经度时是11点36分40秒。

"北京时间"是我国使用的东八时区的区时，该时区中央经线的经度是东经120°，也就是中原时区的时间。北京时间是东经120度经线的平太阳时，不是北京的当地平太阳时。北京的地理位置为东经116度21分，因而它的地方平太阳时比北京时间晚约14分30秒。

那么北京时间是在哪里进行计算和发布的呢？是来自陕西省蒲城县境内的国家授时中心。之所以选择这里，有以下几个方面的因素：

第一，陕中地处大陆腹地，离中国大地原点仅100公里，发射的时间信号便于覆盖全国；

第二，陕中地质构造稳定，授时中心因地震等灾难被毁坏的系数极小；

第三，授时中心的战略地位十分重要，建立在内陆地区比较安全。

星期天为什么不叫星期七？

星期天指的是星期六之后、下一个星期一之前的那一天。根据圣经的说法，耶稣是在星期日复活升天的。基督教以星期天作为"礼拜日"，也代替安息日。基督教国家都是在星期天休息、到教堂作礼拜。

光绪三十一年（1905），清廷宣布停止乡试、会试，废除延续了一千多年的科举制度，成立"学部"。袁嘉谷奉命调入学部筹建编译图书局，后任该局首任局长。编译图书局下设编书科、译书科，任务是研究编写"统一国之用"的官定各种教材。各种教科书的编写中自然会遇到一些"新名词"，那应该怎么处理呢？

星期的叫法就是这个时候确定的。我国古代历法把二十八宿按日、月、火、水、木、金、土的次序排列，七日一周，周而复始，称为"七曜"；西方历法中的"七日为一周"，跟我国的"七曜"暗合；日本的"七曜日"更是与其如出一辙。

但袁嘉谷感到不顺口，使用起来不方便，与同事们商量后，将一周称一星期，以"星期天、星期一……星期六"依次指称周内各日。这就是既与国际"七日一周"制"接轨"，又具中国特色的"星期"的由来。

那么，为什么不把星期天翻译成星期七呢？这是因为星期天既是周末，又是一周的开始。如果把它翻译成星期七，只能表明是周末。那么，他的老大地位怎么体现？翻译成星期零？那它周末的地位又如何体现呢？所以不能叫星期零，也不能叫星期七，最好的办法就是叫星期天或星期日。

下起鹅毛大雪，一定代表天寒地冻？

小伙伴们总喜欢用"天空下着鹅毛大雪"这样的句子来描绘天寒地冻的景象。不过，细心的小伙伴会发现，下鹅毛大雪的时候很少积雪。而且，寒冬腊月的时候很少出现鹅毛大雪。反倒是秋末初冬或冬末初春之时，只要下雪，一般都是鹅毛大雪。这是为什么呢？

其实，鹅毛大雪是气温接近0℃左右时的产物，并不是严寒气候的象征。在温度相对较高的情况下，雪花晶体很容易互相连接起来，这种现象称为雪花的并合。当气温接近0℃，空气比较潮湿，雪花的并合能力特别大，往往会有成百上千朵雪花并合成一片鹅毛大雪。也就是说，鹅毛大雪并不是一片雪花，而是成百上千朵雪花。

水汽条件越好，雪花也会越大。长江中下游地区空中的水汽条件比黄河中下游地区的水汽条件要好很多，往往冷空气南下，所带来的降雪范围和降雪量要比湿度小的北方地区大，有时漫天飞雪，十分壮观，甚至达到暴雪级别。1955年1月在安徽省寿县和江苏省南京，就曾出现过一场大雪过后地面积雪深度达52和51厘米的奇迹。

相反，天气越冷，气温越低，雪花晶体也就越小。这是因为寒冷的天气把水汽都变成了雪花晶体，而且相对干燥，不易粘连。气象科学家做过这样的观察：当空中温度零下8℃到零下5℃时，形成棱柱状冰晶；当零下5℃至零下3℃时，形成针状冰晶；当温度为零下3℃至0℃时，生成薄薄的六角板状冰晶。

在极端严寒的天气里，雪花晶体的直径往往不到0.05毫米。这种雪花晶体很难用肉眼看到，只有在阳光闪烁时，仔细观察，才能发现它们呈细粉状。气象学上称这种雪为干雪。

蓝色是天空本来的颜色？

如果到大街上随机采访几位小朋友，问他们天空是什么颜色的。小朋友们可能会很困惑——课本上说天空是蓝色的，但抬头一看，除了灰色还是灰色，说好的蓝色呢？此时，小伙伴们不妨充当一下"记忆老人"，给孩子讲讲很久很久以前的故事。那个时候，河水是清澈的，天空是湛蓝的……

等等，天空是湛蓝的？这湛蓝是天空的本来面目吗？咱们知道，太阳像一个巨大的火球，时时刻刻都在散发着耀眼的光线。这些光线经过太空的真空时会直接穿过，而太空是黑暗的。也就是说天空没有颜色，黑暗只是它所处的一种状态。

不过，咱们用肉眼是看不到太空的。为什么呢？因为地球表面被厚厚的大气层包裹着。咱们看到的天空其实就是大气层。阳光无法直接穿越大气层，而会在这里产生散射现象。太阳的光含有各种颜色的成分，即赤、橙、黄、绿、青、蓝、紫。

红色等光线波长较长，穿透力也强，能够透过大气射向地面；而波长短的紫、蓝、青等色光线，穿透力较弱，在碰到大气分子、冰晶、水滴等时，就很容易发生散射现象。被散射了的紫、蓝、青色光布满天空，就使天空呈现出一片湛蓝了。

也就是说，天空本来是没有颜色的。我们所看到的颜色是大气分子、冰晶、水滴等物质散射的紫色、蓝色等光线的混合色。可是，为什么现在的天空是灰色的呢？关于这个问题，我们拒绝回答，请找环保专家。

雷雨天在户外打手机，易遭雷击？

在咱们中国的民俗文化中，最恶毒的诅咒莫过于"天打五雷轰"了。从科学的角度来看，"天打五雷轰"和诅咒无关。不管你是谁，有没有遭到别人的诅咒，在雷雨天气里都有被雷得"外焦里嫩"的可能。

近年来，随着手机的普及，小伙伴们又增加了一条常识——户外打手机易遭雷击。一些宣传气象灾害的短片和公园里的警示语则进一步加强了这种认识。所以，一到打雷下雨时，小伙伴们多半会本着珍爱生命的态度，及时关闭手机。

雷雨天气在户外打手机真的容易遭到雷击吗？近年来，媒体报道了好几起因

看看吧，你知道的那些都是错误的

手持手机被雷劈的惨剧。有一年，首都国际机场的一名清洁工被雷劈了，当场身亡。目击者称："当时他身上穿的橙色工作服已成碎片，一个响雷过后，男子突然躺在地上无法动弹，当时他的手里还拿着一部手机"。

很显然，这里特别强调"手里还拿着一部手机"就是为了说明"打手机易遭雷击"的。有理论，有事实，看来还真有这么回事。

NO！中国科学院大气物理研究所的一名资深研究员明确地说："任何时候手机都不可能引雷，手机发出的电磁辐射很弱，不会吸引雷电。那些在室外打手机时被雷击中的人，并不是因为手机发射无线电信号，而是因为打手机的人所处的地形、位置和高度本来就容易遭雷击。比如这名清洁工，站在空旷的停机坪内，很容易成为高而孤立的雷击目标。"

看到"高而孤立的雷击目标"，你想到了什么。没错，避雷针。高而孤立的目标易遭雷击，这在气象学上被称为"尖端放电"。都成避雷针了，被雷劈中的几率当然会大很多。

不过，专家同时提醒大众说，室外使用手机虽不会增加雷击几率，但一旦被雷击中，手机等金属制品很可能会增加电流流过身体的几率，进而导致更加严重的电击伤害。

仙人掌、芦荟等植物能够防辐射？

电脑、手机、微波炉、电视机等工业产品给咱们的生活带来了诸多便利，但也使得辐射无处不在。于是乎，如何防辐射就成了一个热门话题。

不少小伙伴，尤其是办公室小白领，都喜欢在电脑旁边摆一盆仙人掌，或者芦荟。据说，仙人掌、芦荟等植物具有防辐射的功能。为什么这么说呢？因为仙人掌、芦荟原本生活在沙漠里。沙漠，大家都知道，干旱少雨，阳光强烈。再加上沙子反射的"太阳辐射"，沙漠里的"辐射"强度很高。

仙人掌、芦荟在这样的环境世代生存，自然就有了很强的防辐射功能。一些不良商家为了能让自己的小盆栽有个好销路，更是大肆吹嘘所谓的防辐射植物。消费者相信，商家鼓吹，使得仙人掌、芦荟防辐射的观点愈加深入人心。

那么，事实到底如何呢？咱们知道，所有的植物都能够吸收太阳辐射中的红光、远红光（红外线）、紫光以及紫外线等，以完成光合作用的过程。仙人掌、芦荟要生存，自然也得进行光合作用。所以，从这个意义上讲，它们确实具有吸收太阳辐射的功能。

电脑、手机等电子产品在工作的时候确实会产生一定的红外线和紫外线等光辐射，但其强度远远小于太阳辐射，根本不会对人体构成危害。但咱们平日里所说的电脑和手机辐射并不是指红外线和紫外线，而是指低能X射线、非电离辐射、静电电场、电磁辐射等物质。

对于这些东西，不管是仙人掌，还是芦荟，在沙漠中都是无法接触到的，也无法吸收。相反，时间长了反而会被其灼伤。这也是仙人掌、芦荟等植物被摆在电脑旁容易烂心、萎缩，乃至死亡的真正原因。

话说回来，仙人掌、芦荟等植物虽不能防辐射，但摆在办公桌上美化美化环境，还是相当不错的。

花花草草也有生物钟，也需要睡眠？

人类和动物都有自己独特的生物钟，需要通过睡眠来恢复精力。如果有人跟你说，植物也有自己的生物钟，也需要睡眠，你肯定会大吃一惊！不过，这是千真万确的事情。掌握植物睡眠的规律，对养好花花草草很有帮助。

生物学家研究发现，植物的花朵和叶片都会在特定的时间或条件下进入睡眠状态，而且还有一定的睡眠姿势。红三叶草是一种常见的豆科植物。白天的时候，它们每个叶柄上的三片小叶都展开在空中。一旦夜幕降临，三片小叶就会折叠在一起，垂下头来，悄然进入"梦乡"。

合欢树、含羞草和睡莲等常见的景观植物也有这种特点。夏季的傍晚，合欢树的小羽片会成对成对的闭合，然后低下头来。这也是人们将之称为合欢树的原因。含羞草的小叶闭合后也会低下头来。睡莲的花瓣也会在夕阳西下时慢慢闭拢，进入睡眠状态。这些现象告诉我们，夜幕降临了，花花草草要睡觉了。

生物学家推测，植物的睡眠运动是一种有效的自我保护手段。一般情况下，夜晚比白天的温度低，夜晚闭合叶子和花朵，可以避免寒露和霜冻的侵袭。与此同时，把叶子和花朵闭合起来，还能减小与空气接触的表面积，减少水分的蒸发，保持适当的湿度。这也是大部分植物选择夜晚睡眠的重要原因。

热带植物的叶子往往在白天闭合，晚上舒展。这是为了避免遭受强烈阳光的照射，减少水分蒸发。而夜晚开花的植物也会在白天进入睡眠状态，从而防止水分和体温过多散发，同时防止昆虫前来捣乱。

通过长期的研究，生物学家们发现：在相同的环境中，具有睡眠运动的植物生长速度更快，具有更强的竞争性。一句话，这是花花草草长期以来适应昼夜温差变化而形成的一种遗传性特征。

植物能感应到人类的情绪？

"心灵感应"是一个非常神秘的现象，科学界至今无法给出科学而全面的解释。有意思的是，人类的心灵感应问题没解决，科学家们又发现了一个新的课题——植物的"心灵感应"。

科学家们发现人与植物之间、植物与植物之间均存在着神奇的"心灵感应"现象。从一棵树上切下枝条在地下生根后，新生的植物可从"母体"的射线获得营养。如果母体植物死亡了，这些新生植物就不如那些"母体"还健在的树长得旺盛。这种神秘的现象不会随着空间距离而发生改变。

更神奇的是，英国一位叫伯纳德·格拉德的科学家在实验中发现，人的情绪也会影响植物的生长。比如，一个情绪低落的人和一个幸福美满的人同时给两棵相同的植物浇相同的水，前者就不如后者的长势好。他猜测，人压抑、急躁或敌对的情绪可能溶入溶液，阻碍植物细胞的增长。

是不是感觉太玄乎了，难以接受？美国斯坦福大学材料科学系主任威廉·蒂勒教授解释说，胸腺控制着所有光谱范围内的爱的特征。某实体从胸腺辐射产生的一个场，通过空间传播后被另一实体的对应腺体所接受，这样就激发了该腺体，从而进行一系列生物活动。

如果第二个实体发射一个同相振动返回给前者，就会在两者之间形成一条爱

看看吧，你知道的那些都是错误的

的意识链。这就是"心灵感应"了。只不过，由于大多数人总是受到压抑，所表达的爱非常有限，辐射的能量相当小，传播的范围也受到限制，并非每个人都能感受到这种情感。

太玄乎了！小伙伴们姑且信之。再给你的花花草草浇水，选择一个心情愉快的时刻。坚持一段时间，看看它们有没有什么明显的变化。

世界上花期最短的植物是昙花？

人们常用"昙花一现"这个成语来形容转瞬即逝的美好事物。昙花的花期确实很短，往往只有3~4个小时，而且在晚上八九点以后才开花，很难看到。物以稀为贵，正是因为花期短、很难看到，才更让人浮想联翩。

昙花开放时，花筒慢慢翘起，绛紫色的外衣慢慢打开，然后由20多片花瓣组成的、洁白如雪的大花朵就开放了。开放时，花瓣和花蕊都在颤动，艳丽动人。然而，短短的三四个小时之后，花冠开始闭合，花朵也随即凋谢了。果然是昙花一现。

可能是受到这个成语的影响，很多小伙伴以为世界上花期最短的植物就是昙花了。实际上，仙人掌科的植物花期都比较短，昙花只是其中的一个代表罢了。花期最短的要数名不见经传的小麦。

小麦花很小，花色淡白、淡黄，淡得很容易让人忽略；花香也很淡，淡得说不出名堂。而且，小麦的花期非常之短，只有5~30分钟。一个晌午过后，小麦花就已开败，仿佛从来没有开过一样。正因为如此，就算在农村长大的孩子也会误以为小麦是不开的植物。

当然，即便知道小麦的花期只有5~30分钟，也没有多少人会为这种悲壮和凄美的凋谢感到心痛。这也没什么好奇怪的，因为小麦实在太寻常了。再说，人们栽培小麦并不是冲着它的花朵去的，而是果实。既然要的是"葫芦"，谁还管它叶子的事呢？如果小麦有感知能力，不知会作何感想。

温开水浇花会因缺氧影响植物生长？

喜欢摆弄花花草草的小伙伴都知道，用什么水、在什么时候给植物浇水是大有讲究的事情。如果你想起来了，就接点自来水往花盆里一倒，永远也无法栽种出超一流的花卉。

还有的小伙伴喜欢用冷水浇花，还美其名曰增加土壤的溶氧量。冷水中的溶氧量高于温水和热水，而氧气的的确确是促进植物根系发展的关键因素之一。不过，温度同样是影响植物生长的关键因素，而且比土壤溶氧量更为关键。

咱们知道，植物的光合作用是依靠叶子完成的，而非根系。而且，有主人的精心侍弄，盆栽花卉的土壤一般都比较疏松，里面的溶氧量已经足够植物利用的了。也就是说，除非特别有必要（比如大田植物），否则的话，增加土壤溶氧量对植物生长根本没什么作用。反倒是土壤温度对植物的生长影响更大。

一般来说，最适应植物生长的温度为20℃~25℃。用20℃~25℃，或者30℃左右的温水浇花，不但可加速土壤里有机物的分解，促进根部细胞的吸收，增强根部的输送能力，供给枝、叶充足的养分，也能促进花卉早发芽、早孕蕾、早开花。

如果用冷水浇花，根部温度低，养分分解慢，就会产生营养供不应求的现象，影响花卉生长。特别是在早春时节，用温水浇花可以促进盆栽花卉复苏，早发叶、早孕蕾。

当然，水的温度也不能太高。否则话，植物的根部就会被烫伤，引起局部受害，甚至整株死亡。古人所说的"汤杀"（古汉语中，"汤"为"开水"之意）就是这个意思。

神器的驱蚊草适合所有家庭栽培？

夏天是个美丽的季节，如果没有蚊子就更美丽了。可惜，夏天没有蚊子只是一个美丽的神话故事。既然如此，想要睡个好觉，还得求助驱蚊神器。

目前，市场上的驱蚊神器很多，什么蚊香、电蚊香、蚊香液，等等，简直应有尽有。不过，随着人们环保和健康意识的增强，选择驱蚊草的小伙伴越来越多了。用植物驱蚊并不是什么神话，咱们身边的很多植物都有这种作用，比如艾草、薰衣草、夜来香等。只不过，它们驱蚊的效果有限。

如今，市场上销售的驱蚊草大多是转基因的香叶天竺葵。这种植物价格相当便宜，每盆仅需几块钱，而且驱蚊效果不错。研究表明，一间15平方米左右的房间，只需要摆放一盆高30厘米、40个叶片以上的驱蚊草，基本上就可以保证室内默默无"蚊"了。而且，温度越高，驱蚊草散发的气味越浓，驱蚊效果越好。

驱蚊草是绿色纯天然的植物，岂不是适合所有的家庭栽培、使用？如果你这样认为，那就错了。驱蚊草之所以能够驱蚊，主要是因为它能散发一种叫香茅醛的气体。

香茅醛是蚊子的克星。有意思的是，这种物质只会令蚊子胆战心惊，而不会置其于死地。也就是说，它只能驱赶蚊子，而不能杀死蚊子。在使用之前，最好先彻底消灭室内的蚊子。否则话，蚊子很可能在胆战心惊之余静下心来，对其产生适应性，继续危害人类。

驱蚊草并不适合所有家庭栽培、使用。香茅醛虽然气味清新，但也会对呼吸道产生刺激。如果家中有呼吸道疾病患者或者过敏体质的成员，最好不要使用驱蚊草。

此外，驱蚊草不适合放在封闭的空间里。因为它强烈的气味很容易造成室内缺氧，对健康构成危害。最好的摆放位置是通风的窗口，这样既能挡住企图入侵的蚊子，也不会污染室内的空气。

水有喜怒哀乐，能感知人类的情绪？

这两年，日本医学博士江本胜的《水知道答案》吸引了不少读者。在书中，作者明确指出：水不仅自己有喜怒哀乐，而且还能感知人类的情绪。他说："水接受不同的信息，结晶就会呈现出不同形状，能够启发人们对很多社会现实思考的新角度。比如，当水'看'到'爱与感谢'时，会呈现出几乎接近完美的结晶，让人们联想到'爱与感谢'本是宇宙存在与人际关系的基本原则，美好的情感与心念会对世界产生有益的影响，所以，我们更应该多一些'爱与感谢'。"

广州某中学的学生根据《水知道答案》的设计，做了一个米饭试验，企图用赞美和恶毒的话让米饭变香或者变臭。当然，结果可想而知，不管你对一锅正在蒸煮的米饭说了极尽阿谀奉承之能事的赞美之言，还是恶毒地问候了它祖宗十八代，米饭终归是米饭，不会因此变得更香，也不会因此而变臭。

加州理工学院物理系主任肯内斯是一名专门研究水结晶的专家。他从物理学的角度出发，指出江本胜的观点纯粹是缺乏科学依据的胡说八道。水结晶是一个自然现象，主要受温度和湿度的影响。

在一定条件下，水分子可以形成六角体的晶格结构。六角体有两个六角形的面和六个正方形的面，如果晶体向两个六角形的面的方向生长，就会变成一个柱状晶体；而如果向六个正方形面的方向生长，则会形成一个片状的六边形晶体。当然，水结晶还会在此基础上变化出更加复杂的结构。温度足够低的时候，它就会变成冰晶或雪花。这只是自然现象，根本不受人类感情的影响。

令人匪夷所思的是，这套书在国内的销售情况也不错，还进了畅销榜。但不管怎么说，书中试图向读者传递"世界需要更多赞美"的观点是值得肯定的。

电闪雷鸣只发生在夏天，冬天没有？

古诗有云："山无棱，江水为竭，冬雷阵阵，夏雨雪，天地合，乃敢与君绝！"由此可见，在咱们中国人的常识里没有"冬雷阵阵"什么事。就是不知道当初写这首诗的人，这几个条件是或者关系，还是并且关系。如果是前者，估计早和他心上人分手几百次了。

为什么这么说呢？因为"冬雷阵阵"虽然稀罕，但并非绝对不可能发生的事情。咱们知道，夏天之所以经常电闪雷鸣，是特殊的气象因素造成的。夏天气温高，空气中含有大量的水汽，它们在上升过程中遇冷形成云团，其中有一种叫浓积云的云团在对流频繁时会发展成积雨云。

积雨云在猛烈的上升和对流运动中，会因剧烈的摩擦带上大量的正电荷和负电荷。运动得越快，积雨云带的电荷也就越多。当云团中的正电荷和负电荷积聚到一定程度时，就会产生放电现象，形成巨大的闪电。在闪电的瞬间，周围的空气被迅速加热，以超音速的速度骤然膨胀，并发出强烈的爆炸声，这就是雷。

而冬天的时候，由于空气相对干燥，又没有强烈的上升气流，无法形成积雨云。没有积雨云这个前提，自然也就不会出现电闪雷鸣的现象了。

不过，凡事皆有例外。只要满足这两个气象条件，冬天也会"冬雷阵阵"。2012年12月中旬，江苏省南京市就出现过连续两天的雷雨天气。有网友戏谑说："难道是哪位大神下界渡劫吗？"

其实，这是一种正常现象，南京本地居民称之为"雷打冬"。这主要是因为暖湿空气遭遇北方南下的强冷空气，暖湿空气被迫抬升，形成了强对流天气。

沙尘暴百害而无一利，应彻底消灭？

沙尘暴是北方最严重的自然和环境灾害之一。冬春季节，沙尘暴一刮起来，就算紧闭门窗，一天下来也得半嘴沙子、半嘴泥。对这种罄竹难书的自然和环境灾害，小伙伴们无不深恶痛绝，恨不能彻底消灭之。

沙尘暴的罪恶真的罄竹难书，或者说百害而无一利吗？用脚趾头想一想，就会明白，这不可能，因为这不符合辩证法。沙尘暴也有很多好处，比如净化空气、缓解酸雨、促进海洋生物生长繁殖、减缓全球变暖等。

中国是煤炭消费大国，也是二氧化硫、氮氧化物等酸性污染物的重灾区。遇到合适的气象条件，这些酸性物质会溶于雨雪，形成酸雨。不知道小伙伴们注意到没有，中国的产煤区和重工业大多分布在北方，而酸雨却主要出现在长江以南。这就是沙尘暴的功劳之一。

看看吧，你知道的那些都是错误的

来自沙漠的沙尘和当地土壤都偏碱性，其中的硅酸盐和碳酸盐富含钙等碱性阳离子，能够中和大气中的绝大部分酸性污染物，避免酸雨形成。

同样的原理，沙尘暴还能吸附空中的工业烟尘和汽车尾气中的氮氧化物、二氧化硫等物质，可以有效地过滤空气，改善空气质量。所以，黄沙弥漫的沙尘天气过后，天空往往湛蓝如洗。

沙尘中还含有丰富的铁和磷等元素。这些是海洋生物必需的微量元素，但海水中却相对缺乏。沙尘被大风卷入海中，等于给海洋生物提供了一顿丰富的营养大餐。

此外，沙尘暴还能起缓解温室效应，塑造地形、地貌等作用。西北地区著名的黄土高原的形成就和沙尘暴有很大关系。

在不同的介质中，光速始终恒定？

小伙伴们都知道，光速为每秒30万千米。小伙伴们还知道，风速会受到多种因素的影响，音速也会因不同的阻力而变化。光，看得见，但摸不着，它的速度也会变化吗？当然会！

每秒30万千米其实是光在真空中的传播速度，也是光的最大速度。换句话说，光在其他介质中的传播速度均小于每秒30万千米。即使是在几近透明的玻璃中传播，光速也会降到真空的一半。迄今为止，科学家在实验室中所得到的最慢光速为0千米。也就是说，光停了下来。这个奇迹是哈佛大学光学实验室创造的。但光停下来的时间很短，只有1微秒。

不过，把光速降到每小时60千米就算不上什么难事了。每小时60千米，比普通的汽车还要慢？是的，只要把温度降到零下227℃，汽车就能轻松超过光速了。当然，前提是汽车在这样的极端低温下还能正常行驶。

那么，光速在相同的介质中传播，速度应该是恒定的了吧！未必！2002年，澳大利亚麦加里大学的理论物理学家保罗·戴维斯和他的科研小组发现，光速在过去的数十亿年里有可能在逐渐变慢。

科研小组成员、新南威尔士大学天文学家约翰·韦伯观测到：一个距地球120亿光年的类星体发出的光，在到达地球的路程中从星云中吸收了错误类型的光子。但是根据现代物理的理论，它是不可能吸收这种类型的光子的。

戴维斯分析说，造成如此现象的可能性只有两个：电子电荷发生变化或是光的速度发生了变化。最后，戴维斯小组经过大量的研究论证，大胆地指出：光速在真空中并不恒定，在过去的数十亿年里可能在逐渐变慢。

看看吧，你知道的那些都是错误的

第九章
小儿难养？辣妈、奶爸养萌娃！

怀女孩会变漂亮，怀男孩会变丑？

怀孕生子是一件非常幸福的事情。宝宝的降临不但能够增进夫妻之间的感情，还能给小家庭带来不少欢笑。最起码，对那些期盼孩子，经过几个月，甚至几年的努力，肚子里终于装上了"货"的小夫妻来说，怀孕是幸福的。

看着肚子一天天隆起来，猜测宝宝的性别，不少夫妻乐此不疲。在遵纪守法的前提下，只能猜测，因为鉴定胎儿性别是违法的。关于胎儿的性别，民间流传着很多说法，比较盛行的是：怀女孩会变漂亮，怀男孩会变丑。

到网上随便一搜，还能搜出不少看似科学的解释。据说，如果腹中怀的是女孩，胎儿分泌的雌性激素占优势，妈妈的身体内增加了额外的雌激素，皮肤自然会越来越好。如果怀的是男孩，男孩分泌的雄性激素会多一些，从而影响孕妇，让她的皮肤粗糙、油脂分泌增多、角质层变厚。

小伙伴们可以想象一下，如果一个皮肤细腻的美女突然变成这样，确实比较恐怖。不过，这个说法靠谱吗？

也许你已经猜出来了，答案是不靠谱。目前，医学界对胎儿性别对母亲体内激素水平的影响尚没有取得一致观点。部分报告指出，怀男孩的妈妈体内雌激素水平相对怀女孩的妈妈要低一些；但也有报告说，胎儿性别对妈妈体内激素水平没有太大影响。

为什么这么说呢？无论胎儿的性别是男是女，孕妇体内的激素水平都会较孕前有显著的变化。以生物活性最强的雌激素雌二醇为例，孕前血液中的含量约为每升20纳克（生理周期约为750纳克），但怀孕后会升高近千倍，临产时的峰值甚至会超过20000纳克。

众所周知，雌激素会让女性的皮肤看上去更加白皙、细嫩，但如果其水平过高，也会导致皮肤的色素沉积，出现色斑等症状。很明显，不管怀的是男孩，还是女孩，孕妇的雌激素水平都明显过高。也就是说，不管腹中胎儿是男是女，怀孕这件事都会让孕妇的皮肤看上去比平时粗一些、色斑多一些。

怀男孩肚子尖，怀女孩肚子圆？

宝宝躺在妈妈肚子里，靠脸来判断性别，准确率不高也情有可原。咱们再来看看另一个方式——看肚皮。据说，如果孕妇的肚子是圆圆的，胎儿多半是女孩；如果肚子是尖尖的，则多半是个男孩。到大街上随机挑几个中老年人，十个人里面至少得有七八个坚信这一说法。别选年轻人哦，人家没经验，也不关心这个。

有意思的是，西方人也有类似的说法。只不过，他们的描述没有咱们汉语这么简洁有力。他们说，如果孕妇的肚子向前突出，就像一个大号的网球，胎儿多半是男孩；如果肚子的外形分布比较均匀，胎儿多半是女孩。

咦？全世界都有这样的说法，难道这个说法真有科学依据。当然不可以！实际上，孕妇肚子的形状和胎儿性别一分钱关系都没有。孕妇肚子的形状主要由胎儿的个头、羊水的多少以及胎儿的位置决定的。胎儿大一些，羊水多一些，孕妇的肚子看上去就会大一些。反之，则小一些。

也许你会说，男孩出生时的体重普遍比女孩重，怀男孩的话，孕妇的肚子一定会比怀女孩大一些。不一定。胎儿体重的微小的差距还不足以让人对孕妇隆起的肚子产生一目了然的效果，而且羊水的多少也是一个不确定的因素。

至于孕妇的肚子是圆，还是尖，主要由胎儿的位置决定的。如果胎儿背朝妈妈，头部向外，妈妈的肚子看上去就会显得尖一些。如果胎儿面向妈妈，背部向外，妈妈的腹部看上去就会显得圆一些。所以，从肚子的外在形状，只能判断胎儿的位置，而无法判断胎儿的性别。

比较靠谱的做法是，在怀孕13周之后到医院做B超，或者采用绒毛穿刺法，或者检测母亲血液中是否有Y染色体上特有的序列。当然，如果不是出于医学上的需要，医院是不会给你做这些检测的。

怀孕时看谁，孩子就长得像谁？

民间有一种说法，孕妇怀孕期间看谁看得多，孩子出生后就会长得像谁。千万不要以为这种说法只是农村老人的专利，相信的年轻人也不在少数，而且还摆出了科学道理。据说，这是因为孕妇会不经意间受到对方的影响，在生活习惯、饮食结构，乃至表情等方面学习对方，继而影响到胎儿。

事实情况真是如此吗？在网上一搜，讨论这个话题的人还真不少。有一个年轻的孕妇说，她最喜欢山东籍笑星黄渤，怀孕期间看了不少他的电影，万一孩子生下来长得像黄渤就麻烦了。实际上，完全没有必要担心这个问题。

其实，孩子的相貌主要由遗传因素决定的。不久前，美国的几个心理学家进行了一项的调查，结果发现多数孩子的相貌都与父亲相似或神似。他们解释说，这可能是人类"自保"本能的一种体现，因为谁是母亲毫无疑问，而谁是父亲却没有这么肯定，所以必须像父亲。这样对婴儿有利，也可以鼓励父亲投入更多的爱。

至于身高和智力，母亲的作用则更大一些。在营养状况相同的前提下，母亲长得高，孩子的身高也普遍比较高。妈妈聪明，生下的孩子大多也都很聪明。如果是个男孩，就会更聪明。这是因为人类与智力有关的基因主要集中在X染色体上。女性有2个X染色体，男性只有1个，所以妈妈的智力在遗传中就占了更重要的位置。

还有的地方相信，孩子生下来第一眼看到谁就长得像谁。有的孕妇为了生个漂亮的宝宝，甚至花钱送礼，托人找个漂亮的助产士接生。这是毫无依据的。妇产科医生一年下来要接生几百个孩子。如果个个长得像她（他），大街上的孩子岂不全都成了"多胞胎"？

一母同胞的双胞胎只有一个父亲？

新生儿降生，尤其是双胞胎，父母大都高兴得合不拢嘴！但世事皆无绝对，竟然有人因为生了双胞胎而闹上法院，最后以离婚收场。因为自然受孕的双胞胎竟然是同母异父的兄弟！

这不大可能吧？是不是搞错了？自然受孕的双胞胎怎么可能是同母异父的兄

弟呢？在人们的印象中，这种事情似乎，不，应该是唯一的。但世界上确实存在同母异父的双胞胎。

几年前，美国一位未婚母亲生了一对双胞胎。这时，有两个男人同时宣布自己是孩子的父亲。这位未婚母亲也承认，她曾和两名男子先后发生过性关系。法官一时难以决断，只好进行亲子鉴定。结果令人大跌眼镜的是，两个男人都是孩子的父亲——两个孩子分别属于两人。

无独有偶，2007年的一天，江苏南京有一对夫妻就因为这个问题闹上了法院，要求离婚。原来，妻子生了一对双胞胎。丈夫在验血的时候发现，自己是老大的生物学父亲，老二竟然和自己没有血缘关系。丈夫无法原谅妻子的背叛，最终闹上了法院，要求和妻子离婚。

医学专家介绍说，从生殖原理角度来看，"双胞胎同母异父"的情况是有可能出现的。双胞胎分为两种，同卵双生和异卵双生，前者是由一个受精卵分裂形成，后者则是同时有两颗卵子受精形成受精卵。

精子在体内的存活时间为72小时，卵子在体内停留的时间是48小时。如果一名女子在排卵前后72小时之内先后和不同男子发生关系，而她恰巧排出两颗卵子，则可能先后与不同的精子受精。只不过，出现这种情况的几率非常小，仅有百万分之一。

看来，这对南京的夫妻真该去买张彩票，说不定就中奖了。恐怕丈夫就没这个心情了！这绿帽子都发紫了，哪还有心情去买彩票啊！

经期和坐月子，不能洗头、洗澡？

传统观点认为，女性在经期或坐月子期间洗头、洗澡的话，会加剧痛经，引起偏头疼，甚至宫颈癌。还别说，这个传统观点非常管用，很多女性至今恪守经期不洗头，坐月子不出门、不洗澡的传统。有些地方，甚至还有生男孩坐月子42天，生女孩坐月子30天之分。真不知道这个区别是从何而来的。

经期或坐月子期间洗头、洗澡真有这么可怕吗？很多人搬出了貌似非常科学的解释。据说，经期血液循环较差，洗头会让血液集中至头部，影响子宫血液循环，使子宫内的血液无法排除干净，从而造成经量减少或痛经。如果长此以往，则会使体内的荷尔蒙分泌失衡，累积而致癌。

实际上，经期或坐月子洗头、洗澡并不是禁忌，更不会因此而患上癌症。经血并不是污血，而是人体正常的血液。除了血液，月经中还有崩解脱落的子宫内膜碎片、宫颈黏液及随之脱落的阴道上皮。月经血也并不会"残留"。月经期间，宫颈口会微微打开，月经一旦产生，便会从宫颈口进入阴道，而后排出体外。

另外，影响子宫收缩的因素大多数与内分泌有关，经期分泌的前列腺素、血栓素等都能促使子宫收缩来止血。促进经血排出当然也是子宫收缩的结果之一，但如果真的有什么原因引起"子宫收缩不完全"，那后果将是阴道"哗哗"不停流血，而非"残留"在体内。

实际上，由于经期和坐月子期间，人体免疫力较平时为低，更需要注意个人卫生，勤洗头、洗澡。只不过，要比平时更加注意，不要使用盆浴，不要受凉，洗完马上擦干。不然的话，病菌会迅速繁殖，乘虚而入，摧残女性的健康。

非亲属关系的血液不能相容？

近年来，"隔壁老王"的知名度越来越高。这哥们在制造悲剧的同时，也给我们带来了不少乐子。重庆丰都就有一个叫刘兵的人，怀疑自己的孩子是隔壁老王的，因为他和妻子都是双眼皮，而孩子是单眼皮。聪明的刘兵居然和儿子上演了一场现代版的"滴血认亲"。不巧，这事被妻子发现了。

结果可想而知，委屈的妻子带着丈夫、孩子做了亲子鉴定，然后离婚了。亲子鉴定的结果表明，孩子确实是刘兵和妻子所生，但破镜再也无法重圆了。狗血啊！都是那些"滴血认亲"的古装戏闹得！不过，这哥们的智商……嘿嘿，还是不说了。

滴血认亲是古代检验亲子关系的重要方法之一，但以现代医学观点分析，这种方法缺乏科学依据。约在三国时期，我们伟大的祖先就发明了"滴血认亲法"。将活人的血液滴在已故之人的骸骨上，如果能够渗入，则说明存在亲子关系；否则就不存在亲子关系。民间传说，孟姜女就是通过这个方法在累累白骨中找到丈夫的。

滴血认亲法最迟出现在明代，即两个活人将刺出的血滴在器皿内，若融合则存在亲子、兄弟关系；如果有沉淀则说明俩人并不存在亲属关系。

用现代医学观点来分析，这两个方法都没有科学依据。由于失去了皮肉的保护，骨骸会腐烂发酥，就像聚在一起的细沙子。在干燥的骸骨上，不管是滴几滴人血，还是几滴动物的血液，甚至几滴尿，都会渗入其中。也就是说，就算滴几滴鸡血，也能渗入。难不成，这人和鸡也会存在亲子关系？

滴血认亲同样不靠谱。不同血型的血液相混合时，会由于相同类型的抗原抗体结合而产生沉淀，而同血型的血则会"融合"。但是，咱们堂堂中华有十几亿人，血型相同的人数不胜数。如果血液相融，就说明有亲子关系，那一个孩子岂不是有成千上万的父母？

至于影视剧中常见的将血液直接滴入清水的方法，出现沉淀的可能性微乎其微。因为清水会导致红细胞的细胞膜破裂而无法令抗体大量结合。也就是说，用这种方法来检验的话，不管两个人血型是否相同，血液都会融合。

白色的母乳是红色的血液变成的？

母乳是婴儿可以完整获取必要营养物质的唯一来源，是婴儿最完美的食品。母乳的营养为何如此全面呢？不少人相信，这是因为母乳是由母亲的血液转化而来的。据说，有一位著名的导演，收藏了一瓶母乳，20年后打开一看。乳汁已经还原成了红色的血液！

真相真是如此吗？到网上随便一搜，就能搜出大量相关信息。有人声称，母亲每制造一升的母乳就需要500升的血液为原料。天津科学技术出版社2010年4月出版的《冷知识大百科》就持这一观点。

如此算来，每制造100毫升的母乳，就需要50升的血液。而母乳丰富的母亲，在乳汁分泌的高峰期，一天差不多可以分泌1500毫升母乳。这岂不意味着，至少需要750升的血液作为原料？

我们知道，正常人的血液总量约占体重的8%。现在的女性普遍以苗条为美，体重一般都在50千克左右。也就是说，她们身上的血液总量约为4千克，差不多4升的样子。

这么说来，得把这4升的血液循环利用187.5次才能生产1500毫升的乳汁。循环利用187.5次？凭直觉判断，就不可能。真是这样的话，坚持母乳喂养的母亲早就被宝宝吸成木乃伊了。

实际上，乳汁是由乳腺分泌的。在妊娠后期至哺乳期，在垂体分泌的催乳激素的影响下，乳腺细胞会合成乳汁里的各种蛋白质和营养成分，分泌出乳汁。在这个过程中，血液所扮演的角色大致相当于物流。它会经过动脉、毛细血管等途径，为乳腺输送氧气和营养物质，而这些营养物质并非源于血液自身，而是从母亲吃进去的食物转化而来的。此外，血液中除了具有免疫功能的白细胞之外，其他物质在正常的生理过程中是无法进入乳腺当中的。

也就是说，母乳根本不是血液变成的。至于乳汁放置一段时间后变成红色，则是诸如红曲菌属的微生物污染所致。这些微生物的代谢产物是红色的，会使变质的乳汁看上去呈现血液的颜色。

婴儿的睡眠环境需绝对安静？

不管是成人，还是婴儿，都需要充足的睡眠。睡眠不足对人体，尤其婴儿影响巨大，会直接导致身心发育受损。所以，每对父母都希望自己的孩子能睡个好觉。

年轻的父母们为了让孩子睡个好觉，费劲了心机，甚至为其营造一个绝对安静的睡眠环境。似乎只有这样做才能体现浓浓的父爱、母爱，才更有利于婴儿的成长。这样的做法正确吗？

经过长期的观察和研究，儿科专家们发现，婴儿降生后的最初几个月里，只要吃得饱，没有消化不良等疾患，一般都能安然酣睡。饿了，会自己醒过来，吃饱了再睡。一天下来，能睡18~22个小时。不过，这也不是必然的。有的婴儿睡眠时间相对短一些，只要不哭闹、精神好、正常吃奶和排泄，亦属正常的生理现象。

婴儿有较强的适应能力，睡眠也不例外。他们能很快适应周围的环境。也就是说，无论睡眠时的周围环境是否安静，大多数婴儿都能适应，一般不会影响其睡眠。年轻的父母们完全没有必要有意识地为婴儿营造特别安静的睡眠环境。否则，容易导致患儿睡眠不深，稍有动静即被吵醒。

另外，适当的制造一些轻柔的声音，比如播放一些轻柔优美的音乐、父母在边上轻声交谈，反倒对婴儿的听力发育有一定的促进作用，也能增强他们适应环境的能力。当然，声音也不能太大。因为婴儿的耳膜非常娇嫩，过于强烈的声音会对他们的听觉发育造成损伤。

宝宝和父母一起睡有利身心健康？

一天24小时，我们差不多有8个小时的时间是在床上度过的。对宝宝来说，在床上度过的时间甚至超过三分之二。给宝宝营造一个温馨、舒适的睡眠环境，对他们的健康成长至关重要。

如何才能给宝宝营造一个温馨、舒适的睡眠环境呢？很多年轻的父母都会考虑这个问题。北京某机构进行的一项网上调查显示，超过9成的年轻父母认为，宝宝出生后和爸爸、妈妈睡在一起最温馨、最舒适。

妇产科医生也是这样告诉我们的。除特殊情况，宝宝出生后都会24小时和妈妈躺在一张床上。据说，这样有助于宝宝和父母增进感情，降低婴儿猝死的发生率。更重要的是，这样做方便父母照顾宝宝，尤其是母乳喂养的宝宝。

任何事情都具有两面性，宝宝和父母同床而眠也会带来一些健康隐患。宝宝睡在父母中间，身边堆满大人的厚重衣被，稍有不慎就会被压在衣被下面，造成窒息。如果父母睡觉不太老实，喜欢翻来覆去，还可能会压到宝宝。

更为重要的是，宝宝睡在父母中间还可能会因为供氧不足而影响身心健康。在人体中，脑组织的耗氧量最大，成人脑组织的耗氧量约占全身耗氧量的20%。孩子越小，脑组织耗氧量占全身耗氧量的比例越大，婴儿甚至可达50%。宝宝睡在父母中间，两个大人呼出的二氧化碳浓度很高，很可能会使孩子的面部处于一个供氧不足的小环境中。

长此以往，宝宝就会因此而睡不安稳、做恶梦或半夜哭闹。更有甚者，还会影响宝宝的正常发育。

和大人睡在一个被窝里，父母身上的病菌也容易传染给宝宝。我们知道，宝宝的免疫系统还没有发育完善，一些对成人没有多大的影响的病菌，对他们来说却相当危险。

可是，如果让宝宝睡在独立的房间，又不利于培养亲子感情，宝宝的安全也无法保障。最好的办法就是让宝宝和父母睡在一个房间，但单独设一张儿童床。

新生儿捆成粽子，不得罗圈腿？

过去，奶奶通常会把未满月的孙子、孙女的双腿、双臂并拢，用包被包起来，然后再用布条捆起来，有的地方俗称"蜡烛包"。实际上，和捆粽子没有什么区别。据说，这种做法可以防止孩子腿部弯曲，不会长成罗圈腿。

如今，城市里已经基本看不到这种现象了，但还有一部分人坚持传统。2013年10月，西安一位姓关的父亲就遭遇了这样的事。外婆坚持要把出生不满20天的外孙捆成"蜡烛包"。关先生隐隐感觉把婴儿的腿绑起来不太合适，遂向儿科专家求教。

陕西省人民医院儿科专家明确回复，给孩子绑腿不但不能达到预防"罗圈腿"的目的，还会对孩子的正常发育造成不良影响。"罗圈腿"的形成主要是缺乏维生素D、缺钙、负重、过早走路引起的，和给婴儿是否绑腿没有任何关系。

由于胎儿在母亲的子宫内四肢呈弯曲状态，因此即使出生后腿部略微有些弯度也是正常的生理弯曲。绑住孩子不仅会让孩子感到不适，还会影响孩子的肢体发育。捆得太紧甚至会影响新生儿的正常呼吸和肺部扩张。

另外，由于肢体活动也和促进脑部发育有关，如果活动受限严重，还会对孩子脑部发育产生不良影响，不利于协调肢体。

正确的做法是，在包裹新生儿时应用宽大、松软的包被，给孩子留出一定的活动空间，这样才更加利于孩子的健康成长。至于捆成"蜡烛包"，仔细想想就能明白，把谁捆起来都不会好受。

母乳喂养的时间越长越好？

妇产科病房里到处都贴着"坚持母乳喂养"、"母乳喂养是母爱最好的体现"、"爱他就给他吃母乳"等宣传标语。妈妈们也都普遍认识到了母乳喂养的优点。除了少数没有母乳或母乳较少者，绝大多数妈妈都在坚持母乳喂养。

既然母乳喂养是最好的哺乳方式，是不是喂养的时间越长越好呢？很多妈妈就是这样认为的。觉着既然母乳最有营养，能喂到什么时候就喂到什么时候吧！南京某机构的一项网上调查显示，320位参与投票的母亲当中有242位母亲持此种观点。在部分农村甚至出现过这样极端的例子，孩子都上小学三年级了，下课后还趁着课间十分钟撒丫子往家里跑，过过"奶瘾"。

　　实际上，这是一种错误的观念。母乳虽是婴幼儿最理想的饮食，但随着婴儿的生长发育，食量逐日增加，单靠母乳难以满足他们对营养的需求。以热量来讲，100毫升母乳仅285千焦，6千克体重的婴儿每日需要量为2930千焦热量以上，需要母乳达1000毫升以上，而3个月婴儿胃的容量仅100毫升。所以要满足婴儿所需热量，单靠增加母乳量（假设母乳充足），婴儿的胃也难以承受。

　　所以，必须根据婴儿发育的不同时期适量增添含热量高、体积小的辅食。另外，随着婴儿生长发育，母乳内的维生素和微量元素也不能满足婴儿需求，蛋白质、脂肪和糖的量及比例也不能适应身体迅速生长的需要。所以，即使母乳喂养也要适时给孩子增添辅食。

　　8到12个月时，宝宝的胃液已经可以充分发挥消化蛋白质的作用了，便可以考虑给宝宝断奶了。过晚断奶的话，则会因母乳的数量及所含的营养物质逐渐减少而影响婴儿的生长发育。而母亲长期喂奶，会引起夜间睡眠不良，精神不佳，食欲减退，消瘦无力，甚至引起月经不调、闭经、子宫萎缩等病症。所以，为了婴儿和母亲的健康，婴儿断奶不宜太晚。

宝宝学步时，房间铺地毯防摔伤？

对父母来说，最开心的事情就是看着宝宝一天天地健康成长了，最大的烦恼就是担心宝宝生病或受伤。在宝宝学步阶段，这种担忧会如影随形，让很多年轻的妈妈寝食不安。一般情况下，宝宝一周岁左右就开始学习走路了。不过，这个也是因人而异的。有的宝宝发育好一些，可能10个月就会走路了。而有的宝宝要到18个月左右才学会走路。

宝宝刚开始学步时特别容易摔倒。这是因为宝宝此时还不能很好地控制肢体动作，走路忽快忽慢，有时甚至会跑起来。再加上宝宝通常都是先学会动，然后才学会停，特别容易摔倒。

看着宝宝摔倒，"哇哇"大哭，父母的小心脏瞬间被撕成一片一片的。似乎摔在地上的不是宝宝，而是自己的小心脏。很多父母担心宝宝摔疼了，会在地板上铺上一层地毯。地毯是一种软性铺装材料，有别于地砖、地板等材料。它良好的防滑性和柔软性可以使人在上面不易滑倒和磕碰。因此如果儿童房铺上地毯的话，可以给孩子的安全增加一道防线。哦嘞，不错哦，让宝宝在地毯上尽情翻滚吧！

等等，别这么着急，咱们再来看看地毯的危害。地毯有两大致命劣势，一是易吸附灰尘、滋生细菌，二是清洁养护难度较大。由于地毯的毯面为密集的绒头结构，具有很强的纳尘能力。从正面来看，这是好事，可以降低空气中的含尘量。但从反面来看，也会导致地毯上附着太多粉尘，滋生细菌和螨虫。

此外，孩子玩耍时还常常将果汁、食物屑等弄到地毯上。再加上地毯孔隙较多，较难彻底清理，地毯会比看上去的样子脏得多。

更加重要的是，宝宝在地毯上玩耍的时候，父母会在不经意间放松警惕。比如，宝宝在地板上爬来爬去，父母会觉得很不卫生，立即制止。如果宝宝在地毯上摸爬滚打，父母很可能会视而不见。

正因为如此，地毯更容易给宝宝的健康带来隐患。长期在这样的环境下，宝宝患上支气管炎和呼吸道疾病等几率会大大增加。为了保证孩子的健康，尽量不要使用地毯。

宝宝的鞋子越软，穿着越舒服？

养孩子不容易，既劳神又耗钱。看着小家伙身高、体重"噌噌"往上涨，父母的心里乐开了花。但钱包可就遭罪了。衣服、鞋子，刚买没多长时间，又得换了。为了省钱，有些妈妈（更多的是爷爷奶奶，外公外婆）索性给孩子买大一号的衣服或鞋子。这样就能多穿一段时间了。

真是太机智了！遗憾的是，这种机智很可能会影响宝宝的健康成长。俗话说"鞋合不合适只有脚知道"，脚是宝宝的脚，舒不舒服只有他自己知道。如果宝宝太小，不会表达或不善表达，很容易让他的小脚受罪。

传统中医认为，脚底部有很多重要的穴位，直接影响人体各个部位的健康。选一双合适的鞋子，对宝宝的健康发育至关重要。如果鞋子太大，就无法给宝宝的脚提供足够的支撑力，使孩子走路时容易摔倒或发生意外。更重要的是，这会影响宝宝走路的正确姿势，甚至腿形。

一般来说，鞋子比脚大一厘米即可，两三个月更换一次为宜。简单地说，给宝宝买鞋时，脚全部伸进鞋子，后跟处还能塞进一根手指的宽度，就差不多了。

特别需要注意的是，给已经会走路的宝宝选鞋子不能选太柔软的。因为宝宝的骨骼、关节、韧带正处于发育时期，平衡稳定能力不强，鞋后帮如果太柔软，脚在鞋中得不到相应的支撑，会使脚左右摇摆，容易引起踝关节及韧带的损伤，还可能养成不良的走路姿势。不过，脚背处的鞋面还是要柔软些，以利于脚部的弯折。

养个萌宠，和宝宝一起成长？

随着防疫知识的普及，不少家庭都已意识到宠物以及其身上所携带的寄生虫的潜在危害。有宝宝的家庭甚至已经到了"谈宠色变"的程度。众所周知，猫、狗等宠物不但容易滋生细菌和病毒，其身上往往还会携带诸如弓形虫之类的寄生虫，会给人们的健康带来诸多不利影响。因此，家长会有意识地让宝宝远离宠物。

实际上，只要做好卫生工作，如每天清理宠物粪便、定期给宠物洗澡和防疫，宝宝因与宠物接触而患病的几率比在大街上跑一圈患病的几率还要小。瑞典和美国科学家合作进行的一项针对宠物过敏症的研究还发现，经常接触宠物反而有助于防止儿童患过敏症。在对瑞典2454名7~8岁的儿童进行多年的追踪观察，科学家们发现对猫过敏的儿童中，有80%的家庭从来没有饲养过猫。

英国华威大学的一份报告也指出，养宠物对人的健康有益。报告说，许多家庭不敢养宠物，害怕会得哮喘病。其实小时候多和猫接触，不但不会引发哮喘，反而能防止感染这种病症。他们通过观察2500名儿童从出生到七八岁时的情况，发现越是从小和宠物混在一堆儿的儿童，感染哮喘和花粉过敏的几率就越低。

儿童养宠物的好处还不止于此。养宠物除了能够更好地培养宝宝的爱心之外，还能给宝宝带来更多的快乐，减小精神压力。养宠物的儿童愿意和宠物一起打打闹闹，无形中锻炼了身体，心脏机能也会更强健。对于有心理创伤的儿童来说，宠物会成为他们很好的朋友，与宠物在一起能够帮助他们走出心理阴影。

看来，养个萌宠和宝宝一起成长，并没有什么不好的。当然，这个前提是必须做好宠物的防疫和卫生工作。同时，还得确认家族中没有宠物过敏史，因为该病大多源于遗传。

屁股上没骨头，打两下没关系？

生宝宝之前，很多准爸、准妈都会默默许下愿望：以后一定要当个好爸爸、好妈妈，绝对不打孩子。但随着宝宝一天天长大，你会很快发现，"不打不成才""棍棒底下出孝子"等信条会轻而易举地战胜你那单纯、美好的愿望！

每个孩子都有淘气，惹大人火冒三丈的时候。七八岁的孩子尤其让人讨厌，正如民间俗语所说的"七岁八岁，狗都嫌"！连狗都不愿和他们一起玩，可想而知，这孩子得有多讨厌！

很多家长认为，当此之时，适当地体罚一下似乎很有必要。别的部位怕打出毛病，但可以打几下屁股，给他点教训（注意，只是教训，而不是虐待），总可以吧！屁股上没有骨头，肉又厚，不上"大刑"，不至于打伤。

打屁股真的不会对身体造成伤害吗？老虎的屁股摸不得，孩子的屁股打不得！打孩子的屁股很可能伤及大脑。人脑组织由上到下分为大脑、间脑、脑干（包括中脑、桥脑及延髓）、小脑等4个部分。脑位于颅骨的颅腔内，颅骨借寰枕关节与脊柱相连。打屁股时臀部突然受力，暴力通过脊柱传导至寰枕关节，由于头部重量的反作用力，使头颅被挤压于脊柱和外力之间，颅骨整体变形，容易引起脑干损伤。

除了会对身体造成损伤之外，打屁股还容易让孩子产生心理障碍，影响他们的行为模式。为了不受打骂，孩子很可能会不自觉地使用欺骗和隐瞒的手法来取悦家长，并把自己的委屈发泄到不正当的地方。如效仿家长的言行去欺侮比自己小的孩子，用残忍的手段虐待或杀死小动物，破坏家中或幼儿园的财物等。

打骂不仅达不到教育的目的，反而有可能把孩子引向不健康的一面。惩罚的方式很有多种，比如警告、禁止玩他最喜欢的玩具等。只要做到令行禁止，公开公正，让孩子知道自己错在哪里，是很容易的事情。

给宝宝垫上柔软的枕头，舒服点？

很多小伙伴们都有过落枕的经历，那种痛真的不是用语言可以表达出来的。落枕多是睡姿过于扭曲或枕头不适引起的。正因为如此，很多刚当上父母的小伙伴会不惜金钱，给宝宝选购一个"高大上"的枕头，让他睡得舒服点。

给宝宝垫上"高大上"的枕头，就能让他睡得舒服了吗？大错特错！和成人相比，婴幼儿的头部较往后突。当他们仰卧时，由于头部突出及两肩平坦，将使得前颈部的脖子处弯曲打折，而呼吸道的咽喉及气管正好位于前颈部，过度的弯曲如橡皮水管一样，会使此处的呼吸道内径变狭窄，增加呼吸时的气流阻力。

如果毫无经验的父母这个时候再二不拉几地给宝宝垫上枕头，将会使得宝宝的前颈部弯曲度加大，呼吸更加不畅。这是什么呢？小伙伴们不妨试着下巴内缩、头颈低弯，感受一下。

婴幼儿，尤其是三四个月以内的宝宝，因头部大而且重，颈部肌肉又非常脆弱，尚无法有效控制头部的位置。所以，我们把小宝宝上半身扶正直时，他的头部就会左右晃动不定或下垂。

也就是说，当宝宝颈部过度弯曲或姿态不佳而呼吸不顺时，他们是无力改变头部位置的。时间稍久，很可能会发生窒息等危险。正是因为这些特点，3个月以内的宝宝是没有必要使用枕头的。

三四个月之后，宝宝的脊柱颈段出现前突颈曲，肩部也逐渐增宽，就应该使用枕头了。该垫多高，怎么垫呢？婴儿的枕头高度应为3～4厘米，儿童则为6～9厘米。宝宝的枕头软硬度也要合适。过硬容易造成扁头偏脸等畸形，还会磨掉头发而出现枕秃，使家长误以为宝宝患了佝偻病。过于柔软的枕头则会让小宝宝面临窒息的危险。所以，最好给宝宝选购软硬适中的枕头，并把宝宝的肩部以上全部垫在枕头上。

宝宝的攻击性行为，长大就好了？

有些宝宝很小就表现出了攻击性行为，喜欢以语言暴力或拳打脚踢来发泄心中的不满。这种行为一般在3~6岁出现第一个高峰，10~11岁时出现第二个高峰。总体来说，男孩以暴力攻击居多，女孩以语言攻击居多。

很多家长认为，这会是因为宝宝太小，不懂事，长大了自然而然就好了。有一定的道理，但也不是全对。否则的话，也不会出现攻击性行为这个概念了。一般来说，幼儿的攻击行为会随着年龄增长，社会互动增多、自我控制增强而得到改善。

不过，如果处理不好，或不加引导的话，这种行为模式不断得到加强，不但会妨碍宝宝与小朋友的关系，还会影响孩子一生的发展。美国的一项研究表明，70%的少年暴力犯罪分子在儿童时期就被认定有攻击性行为。

是不是很可怕？也就是说，如果不加克服和制止，攻击性强的孩子长大后走上犯罪道路的几率非常大。"从小看大，三岁看老"这句老话就是这个意思。

遇到这种情况该怎么办呢？随便扔一个玩具让宝宝宣泄？当然不行，这样只会让宝宝认为生气时打人是被允许的。如果宝宝的做法还不算太过分，最好采取不相容反应技术法。一方面，不干涉孩子的过激反应，另一方面则对与人分享的幼儿加以奖励，让宝宝在潜移默化中知道哪些行为是值得赞扬的。

如果孩子的攻击性过强，则可采取"冷处理"或移情换位的方法。所谓"冷处理"，就是在一段时间里不理他，用这种方法来"惩罚"他的攻击行为。移情换位就是告诉孩子，攻击行为会给别人带来痛苦。

儿童食品比普通食品更健康？

民间俗语说"钱难挣，屎难吃"，可谓一语中的。不过，也有好挣的钱，那就是女人和小孩的钱。女人爱漂亮，孩子是天生的吃货。到超市逛一圈就会发现，专门为孩子生产的"儿童食品"琳琅满目，数不胜数。

这些"儿童食品"的标价远远高于普通食品，但依然非常畅销。这主要是因为很多家长认为，儿童食品比普通的"成人食品"更安全、更健康。实际上，这些色彩丰富、造型生动的儿童食品所添加的化学成分可能比成人食品还要多。

色彩艳丽的各种饮料和雪糕、用各种颜色勾画出精美图案的奶油蛋糕、五颜六色的糖果……这些艳丽的颜色背后是日落黄、亮蓝、靛蓝、诱惑红等一长串食用色素添加剂的名称。一个小小的果冻里，食品添加剂就达到10种以上；号称让孩子"吃饭香、肠道爽"的某乳酸饮料内含12种添加剂，一支口感香甜的冰淇淋里添加剂更是多达16种,某品牌的儿童方便面中含有25种添加剂……

为了迎合小消费者的心理，不少商家无所不用其极，香精、甜味剂、色素一个也不能少。而且，这些精明的商家对添加剂的遮掩手段也越来越高明。你不是不喜欢看到"防腐剂"这个词吗？好嘞，咱就改成苯甲酸钠、山梨酸钾……相信家长们对这样的化学名词大多都云里雾里，无从辨别。实际上，这些都是防腐剂。

虽然正规厂家一般都不会超标使用添加剂，其产品在正常情况下不会对人体构成危害。但儿童的代谢器官尚未发育成熟，某些添加剂中的有害物质很可能会在体内产生累计效应，长期大量摄入所产生的后果不明。

此外，不同类型的添加剂叠加使用，会不会相互发生反应产生新的有毒物质？这个问题至今还没有明确答案。

目前，我国还没有针对3岁儿童及以上青少年的专门食品安全标准。厂家生产的"儿童食品"实际上是按照普通食品的安全标准进行的。也就是说，这些食品色彩丰富、味道千奇百怪的儿童食品，说不定还没有普通食品健康呢!

多看益智类节目，有助智力开发？

年轻父母大多都不会阻止宝宝看电视，尤其是儿童益智类节目，比如《智慧树》《巧虎来了》等等。大家相信，多看这些益智类节目有助于宝宝的智力开发。

有意思的是，专家们却在这个问题上"干了起来"。美国华盛顿大学研究人员在对数百名学前儿童进行调查后，得出结论：高质量的电视节目可以促进儿童的学习能力。

与此同时，英国权威心理学家西格曼博士则提出，各国政府应该颁布法令禁止9岁以下的儿童接触电视、电脑等电子产品。因为这些东西会影响儿童的智力发育。

两边都是专家，小伙伴们该如何取舍呢？真让人纠结啊！不过，凡事还得从现实出发。咱们谁也没有办法完全禁止9岁以下的儿童接触电视、电脑等电子产品。除非，咱们带着孩子躲到深山老林去。且不说，这个方法有违初衷，就是寻找这么一个地方都不太容易。

实事求是地说，益智类节目确实有助于儿童的智力开发，但我们必须同时认清这样一个事实：电视节目仅仅只是一个辅助工具，家长的陪伴和引导才是至关重要的。家长和孩子一起看电视，不但会形成亲子互动情景，帮助孩子解答一些疑问，回顾和巩固学习到的知识，还可以控制孩子看电视的时间。

不过，对两岁以下的孩子来说，还是尽量避免让他们接触电子产品。《美国小儿医学期刊》就曾指出，电视可能过度刺激幼童脑部，改变发育中的大脑结构，可能有碍幼儿的智力发展。

因为过多、过早接触电视，会相应减少幼儿对真实环境的观察和触摸，减少与家长间的表情、动作、言语互动。而后果是，幼儿的语言发育程度和表达能力均会受到影响，还有可能导致儿童安全感缺失。

因此，想要帮助孩子开发智力，最好多陪陪孩子，一起到户外做做运动，勤沟通，常交流。这才是帮助孩子全面健康成长的最佳途径。

父母均是近视，孩子一定近视？

不少小伙伴夫妻双方都"高中皇榜"，成了近视。大家纷纷担心，他们的孩子将来会不会"戴着眼镜"出生？这还真是一个大问题。

这里先说一件能让这些小伙伴心理平衡的事实：父母都是近视，生出的孩子不一定"中奖"；父母都不是近视，生出来的孩子也可能"高中皇榜"。心里是不是舒服了一点？

别幸灾乐祸了，咱们来说说其中的原因。高度近视是常染色体隐性遗传病，也就是有关近视的一对基因都是本病的致病基因才发病。如果只有一个基因是致病的，而另一个基因是正常的，则不发病，只是致病基因携带者。

现在明白了吧！如果夫妻双方恰巧都是致病基因的携带者，虽然本人不显示近视，但他们的致病基因会遗传给孩子。如果这孩子很不幸地遗传了一对致病基因，肯定"中奖"。

接下来再说说让那些夫妻双方都是近视的小伙伴抓狂的事。如果夫妻双方都是近视，尤其是高度近视，孩子近视的几率就会更大。即便不是一出生就是近视眼，也会成为致病基因的携带者，一旦受到后天环境的影响，就可能发展为近视。

这个几率有多高呢？医学调查显示，父母双方均是高度近视眼（600度以上），遗传给宝宝的近视几率在40%左右；若其中一方高度近视，其遗传的几率可降到20%；但如果父母均是低度近视，遗传的几率就要小得多了，几乎可以忽略不计。

当然，刚生下来的宝宝患有近视的可能性是很低的，在遗传近视中所占的比例仅为1%~2%。大部分遗传近视都要到3岁左右才会显现出来。也就是说，帮助孩子养成良好的用眼卫生才是最重要的。

孩子喜欢咬铅笔头，会导致铅中毒？

很多孩子喜欢咬铅笔头，一边写字一边咬，还津津有味，好像铅笔头上涂了蜂蜜一样。对此，很多家长头疼不已，纷纷在网上发帖，向网友求教。大家问得最多的问题是，孩子经常咬铅笔头，会不会铅中毒。

2014年6月中旬，湖南衡阳某地出现300多名儿童铅中毒事件。居民怀疑，此事与当地的一家化工厂有关。然而，该镇镇长苏根林却声称，超标原因不能确定，嘴里咬铅笔也可能（铅）超标。此事经媒体曝光后，在社会上引起了轩然大波。唉，真为这位镇长的智商感到着急！

孩子咬铅笔是很正常的事情。只要孩子精神状况良好，饮食正常，家长们就没必要过于担心。一般来说，孩子咬铅笔头只是由于学习过于紧张，精神压力比较大罢了。也就是说，这种不良习惯只是孩子舒缓压力的特殊方式。

要是孩子咬铅笔头的动作过于频繁，又时常表现出某种焦虑的时候，家长就要注意了。这可能是孩子的心理出了问题，需要及早对症下药，进行治疗。

至于咬铅笔头导致铅中毒这一说法，完全是望文生义产生的误解。铅笔的名字中虽然有个"铅"字，但并不含铅。我们今天使用的铅笔芯是用石墨和黏土按照一定比例混合而制成的。既然不含铅，为什么叫铅笔呢？

在16世纪中叶以前，英格兰人大多用铅条作为书写工具。后来，人们在英格兰一个叫巴罗代尔的地方发现了一种黑色的矿物——石墨。这种矿物能像铅一样在纸上留下痕迹，而且比铅黑得多。因此，人们便称石墨为"黑铅"。

聪明的英格兰人便将石墨块切成小条，用于写字绘画。这就是最早、最原始的铅笔。此后，人们不断改进，才形成了咱们今天经常使用的铅笔。由于当时的人们称石墨为黑铅，这种书写工具遂被命名为铅笔。

孩子夜里老磨牙，是因为肚里有虫？

相信很多小伙伴儿时都有过因为夜里磨牙而被家长强行送到医院吃打虫药的经历。还别说，当时的命中率确实很高，不少小伙伴吃了打虫药之后，还真的排出了蛔虫。

几十年来，民间一直认为孩子夜里磨牙是因为肚子里有蛔虫。"夜里磨牙，肚里虫爬"的俗语即来源于此。孩子夜里磨牙，真的是因为肚子里有蛔虫吗？几十年前，确实有一位学者提出过"肠道寄生虫病可能是磨牙致病因素之一"的观点，但随着科学进步，相关研究已经表明，两者之间并不存在因果关系。

以前，卫生条件相对较差，而儿童又是磨牙和肠道寄生虫病的高发群体，人们误以为两者之间存在因果关系也是很正常的。现在，检测肠道寄生虫病的手段已经非常完善。如果怀疑孩子感染了寄生虫，不妨到医院检测一下，切不可仅凭磨牙症状就乱给孩子吃打虫药。

目前，医学界对孩子夜里磨牙的现象也没有给出十分确切的答案。一般认为，磨牙与精神性、情绪性、牙源性、系统性、职业性、自发性等多种因素有关。其定义为"中枢神经系统部分脑细胞的不正常兴奋，导致的咀嚼肌发生强烈持续性、非功能性收缩，使上下牙齿紧紧咬合滑动发出嘎嘎响声的运动"。

少年儿童，尤其是七八岁的孩子，处于换牙期，常会因咬合关系不稳定而磨牙。这个比例约占30%。不过，这种磨牙的情况多会随着年龄的增长而不治自愈。养成良好的生活习惯，睡前不做剧烈运动，可以有效减少磨牙。改变睡觉的姿势，松弛下颌肌肉等也小动作也可以在一定程度上缓解磨牙。

新生儿会对第一口奶产生依赖？

婴幼儿配方奶粉是咱们中国人心中一块巨大的伤疤。且不说三聚氰胺了，无良企业和从业者就足够让人头疼的了。据媒体报道，前不久有好几家奶粉企业的业务员跑到天津多家妇产医院，大肆贿赂医护人员，让他们强行给新生儿喂奶粉。

结果，吃了奶粉的新生儿大都对母乳产生了排斥情绪。很多小伙伴看了这篇报道，无不惊诧。在谴责无良企业的同时，大家不禁开始思考这样一个问题，新生儿到底会不会对第一口奶产生依赖。

小伙伴们都知道，再好的奶粉也比不上母乳。不过，凡事皆有例外。在一些特殊情况下，比如早产儿、母亲患妊娠糖尿病或者母乳不足，适当给宝宝喂点配方奶粉是必要的。

那么，新生儿会对第一口奶产生依赖吗？答案是不会，但会对宝宝产生较大的影响。如果第一口奶选择的是配方奶粉，宝宝很可能会对母乳产生排斥情绪，但不会完全排斥。这主要是配方奶粉的香味更浓，吸奶瓶比吸母乳更省力等因素造成的。

婴儿喜欢吃配方奶粉只是单纯的味觉上的喜好，大致相当于挑食，而不是所谓的依赖。在临床上，依赖有着明确的定义，如酒精成瘾、尼古丁成瘾、药物成瘾等。换句话说，如果对某种物质产生依赖，少了它不行。

宝宝对第一口奶并不会产生这样的依赖。如果宝宝因第一口奶吃的是配方奶粉，并因此对母乳产生排斥，只要减少或完全断绝奶粉，让他尝试着多吸几次母乳就可以纠正过来。幸运的是，这种情况出现的几率很小，且因人而异。大多数孩子，给奶粉吃，他会吃得很香；再给他母乳吃，一样会吃得很香。

尽管如此，妈妈们最好还是让宝宝的第一口奶选用绿色、纯天然的母乳。因为母乳喂养的意义不仅在于营养供给，还能为宝宝提供天然的免疫成分，帮助新生儿完善免疫系统。母乳喂养的宝宝生病少，就是这个原因。

Wifi产生的辐射会导致孕妇早期流产？

2014年5月，江苏南京出了一件让众网友"心惊肉跳"，忍不住吐槽的事情。话说，一名女青年怀孕了，全家人乐坏了。这时，奇葩的一幕出现了。该女子的丈夫担心上下楼居民使用Wifi产生辐射，继而影响胎儿，竟然挨家挨户敲人家的门，要求邻居停用Wifi。

一名网友在微博上吐槽说："天呐，现在住的那栋楼有家人，貌似他家媳妇怀孕了，然后说wifi有辐射，影响他家媳妇的健康，逐家逐户敲门叫我们不要用……今天已经敲了4次门了，非要进来看我有没有用无线路由器……"

此微博一出，立即引起了网友的共鸣。这也太小题大做了吧！貌似只有他家媳妇会怀孕似的。话说回来，林子大了，什么鸟都有。在咱们地大物博的中华大地上，出现几桩怪事不足为奇。高考前夕，某地也曾爆出，某位考生的家长担心电梯运行影响孩子考试，竟然强行要求全楼几十户居民停用电梯。

此乃题外话，暂且不表，继续看Wifi。网友们纷纷表示，这哥们应该要求各电信运营商停用附近的基站，各广播电台、电视台停止使用，最好整条线路停电。

不光是Wifi，咱们日常生活中使用的一切电器，大到空调，小到遥控器，都会产生辐射。但这些辐射都属于电磁辐射，与X光、核辐射等高能量的电离辐射是两码事。它们的能量较低，多在几十到几百毫瓦之间。这是什么概念呢？科学研究表明，人体所能承受的非电离辐射上限为每平方米10瓦。也就是说，咱们通常接触的非电离辐射只有这个上限的几十，甚至几百分之一，根本不会对人体产生负面影响。目前也没有证据表明非电离辐射会导致孕妇流产率、胎儿畸形率提高等问题。

经常接触辐射环境，生女孩的几率大？

男女比例失衡是一个严重的社会问题。据说，在不久的将来，咱们的社会上将出现3000万光棍！这个问题牵涉到经济、文化、传统、社会保障等各个方面，短时间内恐怕无法扭转。也许会有小伙伴说，怕什么，电脑会拯救这些光棍的。

看看吧，你知道的那些都是错误的

曾几何时，就有了这样的说法：在医院放射科工作的人，或长期对着电脑的办公室白领，大多生的是女儿。Y染色体比较脆弱，会在辐射环境中丧失活力。咱们知道，每个人都有两条祖传的染色体，女性为XX，男性为XY。

也就是说，只有当男性精子中的Y染色体与女性卵子中的X染色体结合，才会生男孩。否则的话，X染色体与X染色体相遇，生下的就是女孩。既然辐射环境会让Y染色体丧失活力，而人们的生活、工作又越来越依赖电脑，女孩的出生率自然会越来越高了。

真的是这样吗？照这样发展下去，几百年后的人类岂不是要依靠单性生殖来繁衍后代？其实，这完全是一种误解。医院放射科的X光与电脑所产生的辐射完全是两码事。前者属于电离辐射，能量较高，会对人体的免疫系统、血液系统，甚至生殖系统产生不利影响。

不过，由于放射科的工作人员会要采取相应的防护措施，一般不会对健康造成太大的损害，更不会影响后代的性别。随机采访一些放射科的工作人员，就会发现，在他们的后代中，男女比例还是大致相当的。

至于电脑、手机等电子产品产生的非电离辐射，其强度并不比电视机、冰箱等家用电器所产生的辐射高，根本不会对孕妇、胎儿、精子、卵子构成危害。北京大学生育健康研究所对长期接触电脑的办公室白领进行了多年的追踪调查。结果显示，他们的后代中，女孩的比例，以及畸形儿并不比平均比例高。

女生的数学学习能力普遍比男生差?

一般认为，男生和女生具有不同的天赋。比如，女生在语言方面的表现比较出色，而男性在数学等科目上的成绩则比较好。这是不是说女生的数学学习能力普遍比男生差呢？

国内的教育机构曾做过这方面的调查研究。结果发现，在小学阶段，女生的数学成绩普遍比男生好（其他科目也占优势）；到了初中阶段，男女生的成绩趋于平衡，其中包括数学成绩。到了高中，女生在语文、英语等语言类科目上优势明显，而男生的数学、物理、化学和生物成绩则更胜一筹。

到了大学，男生在数学方面的优势就更加明显了。据有关大学的统计表明，男大学生在算术推理和解题能力、逻辑思维和抽象概括能力、视觉记忆及视觉理解能力、视觉的分析和综合能力和视觉与动作的协调能力上，都优于女大学生。

以往认为，这种差异主要是由性别本身造成的，即女性的空间想象能力较差，思维灵活性不够。所以，当所学知识的综合性越来越强，灵活运用知识的要求越来越高时，女生就开始逐渐"落伍"了。

有意思的是，美国的一项研究则认为，女生的数学天赋并不比男生差。研究人员分析了69个国家49万名中学生的数学成绩分布。结果发现，虽然各国男女生的数学学习能力差异较大，但就平均水平而言，性别间的差异却很小。更加有意思的是，在性别观念越平等的地方，女生的平均数学成绩越接近男生。

这意味着，男女之间的数学学习能力实际上差不多。而女生的数学成绩之所以较差，主要是受传统的影响。她们较少从事科学研究、技术工程和数学方面的工作，对数学学习信心不足，动力不强。听起来很有道理！看来，还真应该多鼓励女生去从事科研和技术工程方面的工作。

看看吧，你知道的那些都是错误的

人的眼球会随着年龄增长而长大?

在咱们的印象里，人处于婴幼儿时期的时候，器官各项功能还不完善，都会随着年龄的增长而长大。不然，身体的某个器官处于婴幼儿水平，肯定是发育停滞，生病了！

事实情况真是如此吗？NO，眼睛就不会随着年龄的增长而长大。眼睛是心灵的窗户，每个人都希望都一双水灵灵的大眼睛。很小伙伴想当然地认为，眼睛和身体的其他器官一样，都会随着年龄的增长，身体发育而长大。当然，这里的年龄是有极限的，你不能期待一个60多岁的老人再次发育。

如果有人跟你说，人们眼睛的大小实际上都是差不多的，而且基本上出生时是多大就是多大，不会随着年龄的增长而长大，你肯定会很震惊！眼睛看上去比较小的小伙伴甚至会感到很悲催！

眼睛，确切地说，眼球就不会随着年龄的增长而长大。人的眼球前后直径总是大致相等的，约为24毫米。婴儿的眼球略小一点，但到了3岁左右就基本定型了，不再生长了。少数孩子8岁之前，眼轴会变长一点，角膜也会稍微变大一点点，但这些都是以毫米计算的。

那为什么有的人眼睛看起来大一点，有的人眼睛看起来小一点呢？我们平时所说的眼睛，是指眼球前段露在外面的角膜、虹膜，以及由上、下眼睑围成的"眼睑裂"。由于眼睑裂的形状、大小、位置，以及有无"眼睑褶"（即通常所说的双眼皮和单眼皮）的差异，才会使得眼睛看起来有大有小。

就个体而言，眼睛的大小跟脸部，以及鼻子、耳朵等脸部器官的大小有很大的关系。长胖了，脂肪多了，鼻子、耳朵长大了，眼睛就会显得相对小一些；瘦了，脂肪少了，眼睛就会显得相对大一些。所以，孩子的眼睛看起来总是显得大一些。

看看吧，你知道的那些都是错误的